普通高等教育环境设计专业规划教材

环境设计
概论

韦爽真 —— 著

Introduction to
Environmental
Design

西南大学出版社
SWUP 国家一级出版社 全国百佳图书出版单位

图书在版编目（CIP）数据

环境设计概论 / 韦爽真著 . -- 重庆 ： 西南大学出
版社，2024.6
　ISBN 978-7-5697-2045-7

　Ⅰ. ①环… Ⅱ. ①韦… Ⅲ. ①环境设计－高等学校－
教材 Ⅳ. ① TU-856

　中国国家版本馆 CIP 数据核字（2023）第 206617 号

普通高等教育环境设计专业规划教材

丛书主编：郝大鹏　　丛书执行主编：韦爽真

环境设计概论
HUANJING SHEJI GAILUN

韦爽真　著

选题策划：鲁妍妍
责任编辑：鲁妍妍
责任校对：袁　理
书籍设计：UFO_ 鲁明静　汤妮
排　　版：黄金红
出版发行：西南大学出版社（原西南师范大学出版社）
地　　址：重庆市北碚区天生路 2 号
网上书店：https：//xnsfdxcbs.tmall.com
印　　刷：重庆恒昌印务有限公司

成品尺寸：210 mm×285 mm　　印　　张：9.5　　字　　数：298 千字
版　　次：2024 年 6 月第 1 版　　印　　次：2024 年 6 月第 1 次印刷
书　　号：ISBN 978-7-5697-2045-7
定　　价：69.00 元

序

郝大鹏

环境设计市场和教育在内地已经喧嚣热闹了多年，时代要求我们教育工作者本着认真负责的态度，沉淀出理性的专业梳理。面对一届届跨入这个行业的学生，给出较为全面系统的答案，本系列教材就是针对环境设计专业的学生而编著的。

编著这套与课程相对应的系列教材是时代的要求，是发展的机遇，也是对本学科走向更为全面、系统的发展的支持。

它是时代的要求。随着经济建设全面快速地发展，环境设计在市场实践中一直是设计领域的活跃分子，创造着新的经济增长点，提供着众多的就业机会，广大从业人员、自学者、学生亟待一套理论分析与实践操作相统一的，可读性强、针对性强的教材。

它是发展的机遇。大学教育走向全面的开放，从精英教育向平民教育的转变使得更为广阔的生源进到大学，学生更渴求有一套适合自身发展、深入浅出并且与本专业的课程能一一对应的教材。

它也是对学科发展的支持。环境设计的教学与建筑、规划等不同的是它更具备整体性、时代性和交叉性，需要不断地总结与探索。经过三十多年的积累，学科发展要求走向更为系统、稳定的阶段，这套教材的出版，对这一要求无疑是有积极的推动作用的。

因此，本系列教材根据教学的实际需要，同时针对教材市场的各种需求，具备以下共性特点：

1. 注重体现教学的方法和理念，对学生实际操作能力的培养有明确的指导意义，并且体现一定的教学程序，使之能作为教学备课和评估的重要依据。从培养学生能力的角度分为理论类、方法类、技能类三个部分，细致地讲解环境设计学科各个层面的教学内容。

2. 紧扣环境设计专业的教学内容，充分发挥作者在此领域的专长与学识。在写作体例上，一方面清楚细致地讲解每一个知识点、运用范围及传承与衔接；另一方面又展示教学的内容、学生的领受程度，形成严谨、缜密而又深入浅出、生动的文本资料，成为在教材图书市场上与学科发展紧密结合、与教学进度紧密结合的范例，成为覆盖面广、参考价值高的第一手专业工具书与参考书。

3. 每一本书都与设置的课程相对应，专业性强，体现了编著者较高的学识与修养。插图精美、说明图例丰富、信息量大。

最后，我们期待着这套凝结着众多专业教师和专业人士丰富教学经验与专业操守的教材能带给读者专业上的帮助。也感谢西南大学出版社的全体同仁为本套图书的顺利出版所付出的辛勤劳动，祝本套教材取得成功！

前言

　　2011 年关于学科调整发生了一件大事：其一是，国务院学位委员会、教育部先后印发了《学位授予和人才培养学科目录（2011 年）》《普通高等学校本科专业目录（2012 年）》。同时，设计学升级为一级学科，"环境设计"的专业称谓得以确立。

　　2020 年 11 月 3 日，由教育部新文科建设工作组主办的新文科建设工作会议，发布了《新文科建设宣言》，对新文科建设做出了全面部署。会议指出，文科教育是培养自信心、自豪感、自主性、产生影响力、感召力、塑造力，形成国家民族文化自觉的主战场、主阵地、主渠道。新文科建设对于推动文科教育创新发展、构建以育人育才为中心的哲学社会科学发展新格局、加快培养时代文科人才，提升国家文化软实力具有重要意义。设计学同时隶属于艺术学和美术学交叉学科两大学科门类之下，在艺术学门类下取得艺术学学位，在交叉学科下授予交叉学科学位。（图 1）

图 1 设计学下环境设计专业与工学相关专业关系图

图2 赫斯维克工作室突破常规的创意作品

在这样的时代背景下，作为环境设计的工作者与教育者，我们该如何定位自身？

赫斯维克工作室设计的2010年上海世博会英国馆，造型亮点"种子圣殿"，充满危机意识的生态使命、富有创造力的灵感和亲民化的互动行为体验都给我们留下了深刻印象。生命力驱使下的创造力带来了震撼人心的力量（图2）。环境设计作为艺术门类的设计学专业方向，同时又与建筑、规划、风景园林学科有着紧密的联系，具备跨学科性质，既有得天独厚的优势又有急需补充的短板，环境设计经过近三十年的发展。今天，我们越来越需要清楚自身的定位，从而更好地为社会贡献自己的一分力量。

艺术与科学、学科与专业、教育与教学在不断地融合交织发展，环境设计的发展必须弄清如下问题：

怎样以环境设计理念整合多个学科，特别是梳理建筑学、城市规划学、风景园林学与设计学之间的关系？

怎样以环境设计理念整合人居环境相关专业，包括城市设计、建筑设计、景观设计、室内设计等专业方向？

怎样将与设计学相关的社会学、管理学、统计学、心理学的研究成果应用到环境设计领域？

怎样用专业的手段来应对未来人们从功能满足到精神体验的各种需求？

怎样以环境设计理念来整合艺术类、理工类、农林类、综合类大学的育人资源？

设计是人类改变外部世界、优化生存环境的一种创造方式，也是最古老而又最具有现代活力的人类文明。人类通过丰富而多样的生产与生活方式，来调整人与自然、人与社会和人与人之间的关系，同时推动现代社会的文明体验、相互沟通与和谐进步。设计学是关于设计行为的科学，设计学研究设计创造的方法、设计发生与发展的规律、应用与传播的方向，是一个强调理论属性与实践的结合、融合多种学术智慧，集创新、研究与教育于一体的新兴学科。

在以文化较量来拉开差距的当今世界，设计已经上升到一个国家实力的表现的高度，创造性的设计更是一个时代发展的需要。"原创"是设计的根本动力，"人才"是教育的根本需求，环境设计的真正抓手是整合与创新，环境设计学科的存在是时代发展的产物。

环境设计专业的日趋成熟要求教育工作者必须基于学科规划层面的思考，沉淀出更加理性的结论，以给一批批已经跨入或即将跨入这个行业的学生一个较为全面的答案。本书就是带着专业性、整体性的眼光，针对环境设计所有专业方向的初学者而编著的。

本书首先对环境设计专业发展现状进行了梳理，在这个过程中充满了各种挑战：要厘清环境设计学科庞杂的知识体系绝非易事，这是一难；市面上已有很多同类型的书籍，各大院校纷纷制订了教材出版计划，找准自己的专业与教学的定位，这是二难；但凡开设了设计类课程的院校几乎都涉及环境设计专业，怎样兼顾文、理、工科院校的不同生源和教学的特点，确保教材的可实施性，这是三难。其中，所涉及的知识面较广，从文、史、理、哲多个维度进行形象化、图视化语言的表述，从理论到实践的考量，从过去、现在、未来的历史进程到学科体系的纵向发展，该书是我多年来从事环境设计专业教学和实践的总结。我见证了环境设计专业近二十余年的发展，对于本书，有如下期待：

给学生。本书对环境设计的基本概念、现状和发展前景进行了详细的描述，通过清晰的图表、插画表明观点，特别对学习过程中容易产生的误区、容易混淆的概念给予了提醒，帮助他们不走或少走弯路；

给老师。本书大部分内容基于我对教学实践的总结，结合国内外相关理论专著，便于比较权衡的同时也给出了用书单位所需的教学内容的进度参考，包括思考题、训练题等，能指导教学的顺利展开；

给同行。本书在介绍相关理论知识的同时，搜罗了国内外大量知名的设计案例并附上简要的评述，以拓宽他们的眼界。

鉴于此，本书力图从六个板块讲述环境设计的基本内容：

第一，概念。从宏观的设计学角度开始讲述环境设计的定义、内容和研究对象。

第二，历史。从动态发展的脉络认识当今环境设计的内涵与价值。

第三，理论。涉及环境设计的核心理论和价值观等。

第四，实践。从设计事务和创造特征讲明设计师的作用、地位和修养。

第五，教育。点明学科的发展、教学的方法和目的。

第六，未来。从思想、实践和教育的现状展望环境设计的未来。

伏案静思，本书果真达到以上目标了吗？或许，这个问题只有靠读者来回答，让我们把一切交给时间。希望同学们肩负伟大的中华民族复兴之梦，着眼长远，脚踏实地，一步步迈向梦想与辉煌！

目录

导论：为什么要学习环境设计概论？

● 课时总量：32 学时

● 教学周时：8 周

● 教学目的："环境设计概论"为环境设计专业的基础理论课程，对培养学生的学习兴趣、建立信心有着重要的作用。通过对环境设计专业的过去、现在和未来的发展方向的阐述，让学生对本课程建立一个完整的专业概念。本书以理论讲授为主，通过查阅相关媒体资料和实地观摩具体项目，让理论讲述与实地考察相结合，使环境设计的前瞻性理念和方法论贯穿整个课程。

● 学习理由：

① 宏观了解环境设计的现状，认识环境设计专业在学科中的定位。

② 了解环境设计需要具备的专业技能，树立正确的学习态度，对四年的专业学习进行合理规划。

③ 系统了解环境设计的基础理论架构，加强理论修养。

④ 通过学习经典案例，认识环境设计专业的价值。（图1）

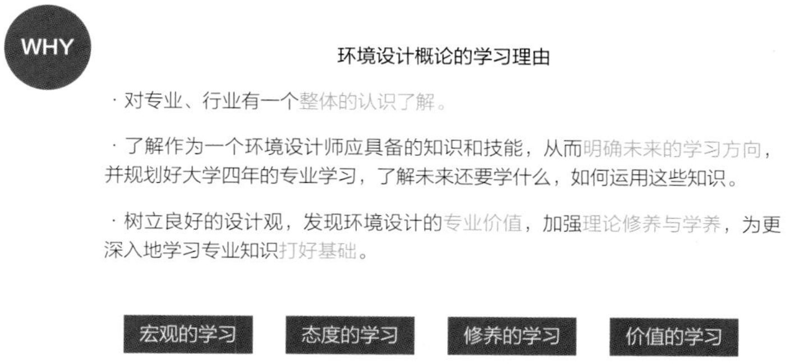

● 学习内容：

从整体上了解环境设计的基本概念、发展历程、基础理论、设计原则、设计内容与方法、实践流程以及新的设计趋势、思潮、经典案例等。

本课程中的与理论知识相匹配的技能包括案例分析和资料检索、综合理解、图解技能和语言文字的表达。（图2）

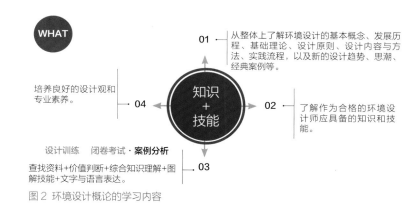

图 1 环境设计概论的学习理由

图 2 环境设计概论的学习内容

● 能力培养：

① 在知识结构方面，让学生系统地认识本专业的宏观知识构架，从社会、生态、文化等方面看待设计，同时理解环境设计在人居环境学科中的地位及其与各相关学科之间的关系（图3）。

② 在能力培养方面，本书特别注重对学生理性思维的培养。使学生的文字描述和语言表述的严谨性、规范性得到提高。

③ 在素质培养方面，着重培养学生独立思考问题的能力，即以一个问题关联到另一个问题的连锁思考，从而培养其独立探究事物本质的能力。

●教学方法：

① 课堂学习：对关键知识点进行理论讲述，剖析知识框架及其内在的理论关系，再配合课堂小练习加深理解。

② 专题练习：结合理论对典型案例进行理解和运用。

③ 拓展学习：通过搜集的相关资料进行自学，不断地丰富知识，最终学会学习。（图4）

●成绩考核（图5）

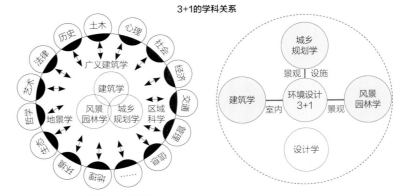

3+1的学科关系

人居环境科学导论（吴良镛）

图3 环境设计与相关学科之间的关系

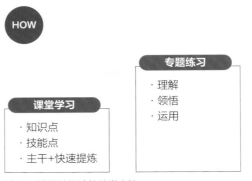

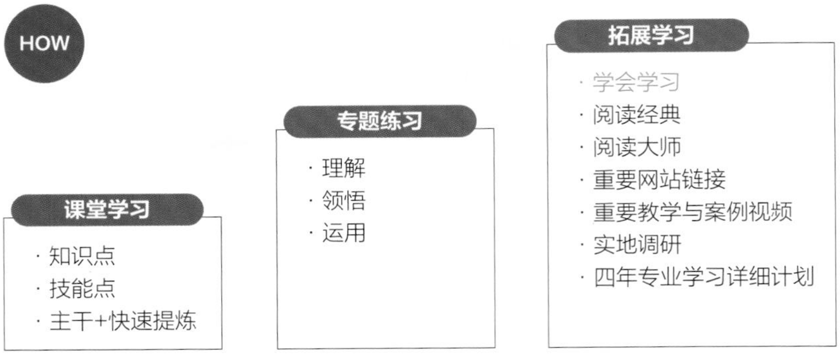

图4 环境设计概论的教学方法

成绩考核

主题讨论1：
分别围绕"环境"概念的三个层次［自然环境、人工环境、社会（人文）环境］对应的生态属性、文化属性、时空属性进行案例搜集与理解，然后做一个"环境概念"分析PPT（6~12P），并进行时长8分钟的汇报。

主题讨论2：
选择环境设计领域的一个比较熟悉的设计大师的作品，以"大师作品形态设计背后的力量"为题，借用"绳圈合力"图形从形态要素、设计影响因素等方面进行形态成因解析，并以PPT(4P)的形式进行汇报。

45%

思考题：
从环境设计实践项目中（室内设计、景观设计、公共艺术等）选择一个自己感兴趣的，对其所包含的环境设计四大研究对象（自然、行为、空间、实体）进行深度解析［以PPT（20P）的形式进行汇报，时长12分钟］，具体内容如下：
（1）项目基本信息。
（2）查找来源及进行相关文献检索。
（3）每个案例相关图片。
（4）该项目体现了环境设计研究对象中的哪些方面，你是如何展开解读分析的，可以选择其中一个方面侧重分析。
（5）横向比较类似项目，分析其在同一研究对象上设计方法的差异。

45%

平时表现：10%

评分等级

85~100分：按要求完成，对生活有观察，案例分析有逻辑，能独立思考问题；
70~84分：按要求完成，具有发现问题与分析问题的能力；
60~70分：基本符合要求，但考勤和平时作业并不理想；
60分以下：没有按时和按要求提交作业，态度不端正。

图5 成绩考核

1

环境设计基础概念

1 环境设计基础概念

第一节 关于设计

一、设计的基本概念

谈环境设计首先要从设计谈起。

"设计"从字面上看有"设想"和"计划"两层含义。设想是指人们对某项实践活动的预期效果的构想；计划是为了达到构想的预期效果而采用的方法和步骤。

王受之先生在《世界现代设计史》中谈道："设计，就是把一种计划、规划、设想、问题解决的方法，通过视觉的方式传达出来的活动过程。它的核心内容包含三个方面：计划、构思的形成；视觉的传达方式；设计通过传达后的具体运用。"从中，我们看到设计包含构思、行为过程和实现价值三个阶段。通过这三个方面的共同作用，可以获得预期的成果，或给予对象附加价值，或解决某一现实问题，或创新某种有意味的形式，或改善了与环境的关系，或提升生活空间的品质等。这是广义的设计概念，包含了设计的实施阶段。狭义的设计概念是指，以问题为导向，用创意思维的方法去寻找解决问题的途径的过程。而这个设计创意的思维过程需要经过聚焦问题、提出概念、塑造形体三个阶段。比如，四川美术学院新校区的环境设计聚焦在如何进行文化传承的问题上，以"十面埋伏"的规划理念，用"融合山水、结合自然"的规划方法，赋予校园隐藏山林、根植乡土的形态，从而孕育出了富有地域文化特色的校园环境。（图1-1）

随着生产力的发展和经济水平的提高，以及随之而来的社会关系的改变，设计的内涵也发生了相应的变化：最开始只是以单纯的解决现实生存问题为目标（图1-2），在发展过程中，逐渐融入了人的审美意识和创新意识，人们追求形式美，使设计具备了艺术的特性（图1-3）；随后在社会的进步、市场经济的发展中，设计又具备了引导消费、增加产品附加值的功能，融入了实用价值与经济价值（图1-4）；进入后工业时代，在人类技术力量与自然力量的较量中，设计的价值观引发了人类生产、建造和规划的动机。最终，设计成为生活的艺术。我们从图1-5中可以看到设计内涵的发展进程。

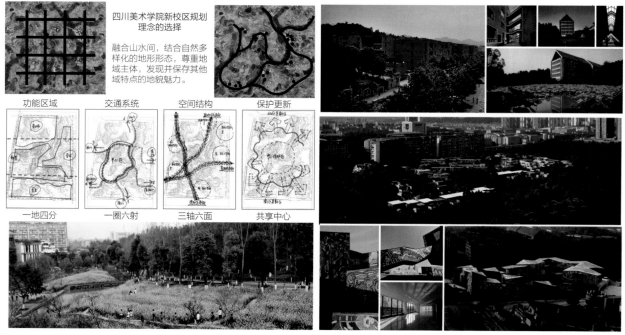

图1-1 四川美术学院新校区环境设计（郝大鹏团队）

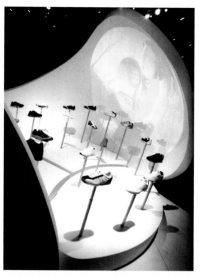

图 1-2 以"展示"这一实用功能为主的室内设计

图 1-3 建筑师盖里设计的座椅实用功能减弱，艺术审美功能加强

图 1-4 在经济增长需求的刺激下，结合消费理念和购物心理的商业室内空间设计

回顾人类文明的发展史，可以看到人与环境之间关系的转变：从适应自然环境到改造自然环境再到人与自然环境和谐共存；从被动地改善环境到主动积极地顺应环境；从单一的功能需求到对复杂功能的追求；从低层面的物质需要到高品质的精神追求。这一系列的转变都推动着设计内涵的纵向发展。

二、设计的内涵与外延

随着时代的进步和人们个体独立意识的觉醒，设计的内涵和外延也在不断发生变化。可以说生活中设计无处不在，大到城市高铁，小到一根针，从动态的国家战略规划，到静态的一本书籍的装帧，甚至无形到互联网，只要有人活动的地方就会有设计，所以设计的内涵与外延一直是与时俱进、动态更新的。

1.内涵的拓展

随着消费对象需求的改变，与对设计的物理属性（造型、功能、质量、生态效率、内容、技术）相比，当今的设计更关注设计所带来的内在精神价值。其中，关注使用者的体验过程并强化其体验性，是各大设计门类内涵拓展的共同特征。重视人的体验性设计内涵，并细分出多方面的命题，比如对使用者不同文化背景的分析、对城市文化特征的把握等，涵盖人文、地理、

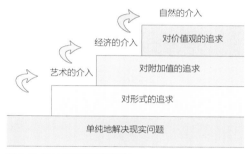

图 1-5 设计内涵的发展进程

历史等多方面的交叉信息。所以，设计的内涵拓展到了满足人的体验感、归属感，从而带动与文化背景的相关消费心理的研究。（图 1-6、图 1-7）

2.外延的拓展

设计最根本的出发点就是"以人为本，为人服务"。环境设计是以空间设计为主导的设计类别。随着人们认知水平的提高，设计对象变得极为复杂，从而导致很难仅靠一种设计类别去解决问题。因此，从外延上，环境设计常与工业设计、视觉传达、装饰艺术、设计学等专业进行跨界合作。特别是进入 20 世纪 80 年代后，设计范围进一步扩大，对信息、服务等"非物

质"的设计研究成为一种时尚，于是诞生了"信息设计"（Information Design）与"非物质设计"。外部知识的渗透驱动着新理论的诞生，经济学的"可持续"概念催生了"可持续设计"（Sustainable Design）或者说"绿色设计"（Ecology Design），体验经济助推了"体验设计"（Experience Design）。管理学、市场学与设计联姻诞生了"设计管理"（Design Managment）运动。对"可用性"（Usability）与"交互作用"（Interaction）的研究，大量汲取认知心理学、人机工程学与语言学的养分以及人类学的方法，并归结为"用户研究"（User Research）或者HCD——以人为中心的设计（Human Centered Design）。此外，创新设计（Innovation Design）、整合设计（Integral Design）、情感设计（Emotion Design）等，也开始登上历史舞台。（图1-8）

三、设计学习中的误区

设计学习的过程中，我们常产生以下误解。

首先，在设计的构思阶段，我们要认识到设计与艺术创作是有区别的，设计是为解决一个具体的问题而展开的创意活动，它与艺术创作最大的区别就在于它具有条件限制与成果要求这一特性。条件限制来自对功能要求的满足、问题的诊断与分析、实现可能性的探索等，是现实需求与要求的集合。所以，设计的发展不受设计者主观思想的主导，要考虑受众（使用者）以及利益相关者的特征与需要；同时，设计往往还受到业主、生产技术水平、经济水平的制约，和社会经济发展与文明程度息息相

关。在这个阶段，虽然我们创造思维的艺术主观性也有可能成为某一阶段主导的思维方式，艺术规律中的形式法则也常作为我们判断设计审美和形式的依据，但是，在当今设计的内涵上，设计创作中包含更多理性分析与设计工具，设计中的艺术性创造思维也要接受上述条件诸多设计的检验（图1-9）。一句话，设计活动的主体是围绕着设计对象展开的，设计的创造必须具有针对性与服务性。围绕设计的实用性，设计的过程实则充满了对理性与秩序的设定（英文design的拉丁文原意就是在纷乱中建立秩序）。台湾云林科技大学

图1-6 喜茶店室内设计基于用户心理与行为研究的空间策略

图1-7 上海世茂深坑酒店的环境设计突出了空间差异化体验

● ● ● ● ● ● ● ● ● ● ●
... FD E&I VC PD ID IXD EXD SD OD ...

FD：Fashion Design（时尚设计）；E&L：Environmental and Interior Design（环境与室内设计）；VC：Visual Communication（视觉传达）；PD：Product Design（产品设计）；ID：Industrial Design（工业设计）；IXD：Interaction Design（交互设计）；EXD：Experience Design（体验设计）；SD：Service Design（服务设计）；OD：Organization Design（组织设计）。

图1-8 设计横向领域的外延与发展（辛向阳）

图1-9 法国拉德芳斯广场环境设计，环境设计中的艺术创作要考虑环境场所的性质与条件

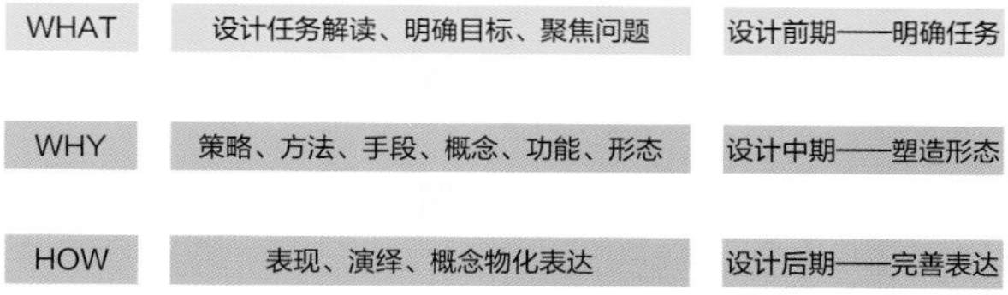

表1-1 设计与艺术的类比分析表

艺术	设计
感性	理性
主观	客观
形式重于功能	功能重于形式
好与坏	对与错
非限制性	限制性
以创作者为中心	以用户为中心
以灵感为导向	以问题为导向
混沌美	秩序美
其价值在于它的不确定性	其价值在于巧妙地解决问题

WHAT	设计任务解读、明确目标、聚焦问题	设计前期——明确任务
WHY	策略、方法、手段、概念、功能、形态	设计中期——塑造形态
HOW	表现、演绎、概念物化表达	设计后期——完善表达

图1-10 设计过程进度分析

设计学博士Songder曾将艺术和设计进行了比较，如表1-1所示。

其次，在设计的表达阶段，我们要警惕用单一的美术视觉表现成果来替代设计多维的、多解的、多元的分析过程。设计表达不仅为设计成果服务，也为设计分析过程表达服务。在设计过程中，我们对设计的内在逻辑还缺少理性的认识，从而出现设计的过程大多依赖模仿甚至抄袭类似案例的问题，对于自己的研究对象、服务对象缺少科学的分析，聚焦不够、论证不足，流于形式。（图1-10）

在学习和运用一项技能时，我们要经历从对事物的认知到理解再到实践的过程。而对设计这个充满机遇和挑战的职业来说，则经历了一个从陌生到熟悉、从喜爱到钟情的情感历程。在这个历程中，理性与感性、艺术与技术相互交织，推动着设计这个充满魅力的专业不断发展。

第二节　关于环境设计

一、环境的基本概念

环境是人类赖以生存与发展的基本空间，是人类进行一切活动的基础，也是人类为达到某一个目的不断改造和创造的对象。根据自然科学、人文科学、社会科学的综合研究成果，我们从以下三个系统来理解环境的概念与范畴：

1.自然环境

从广义上讲，自然环境的范畴包含我们能认识到的一切物质存在，大到整个宇宙，小到微观的基本粒子；从狭义上讲，自然环境是未被人类开发的原始形态的领域，也就是由山脉、平原、草原、森林、水域、水滨等自然形式的地表形态，和风、雨、雪、霜、雾、阳光等自然现象共同形成的生命系统。地球就是"以人为中心"的环境系统——岩石圈、大气圈、水圈三个圈层在太阳光的作用下形成的维持生命过程中相互渗透制约的生态圈。

作为一名环境设计工作者，我们必须要知道自然环境具备如下价值：

（1）生态价值：自然环境具有天然的保持水土、调节气温、净化空气、绿化环境以及保护生物多样性的功能（图 1-12）。

（2）经济价值：自然环境给人类带来生产和生活的一切原材料。

（3）科学价值：自然环境教育、科研考察的活材料是人类见证历史和预知未来的重要依据。

（4）艺术价值：自然环境以最本真的方式陶冶人的性情，出于社会经济的高速发展和人的精神需求的提升，人们渴望回归自然，从人工环境中脱离出来并激发新的创造热情（图 1-13）。

重视环境的价值、引导人们去关注自然环境中许多有待于我们去挖掘的潜在价值，这不仅仅体现在改造自然方面，还让我们看到保护与尊重自然的重要性。

2.人工环境

人工环境是人类为扩展生存空间而征服自然的产物，从传统的农牧业到近现代的大工业，为满足人类单方面的需要修建了形形色色、风格迥异的房屋殿堂、堤坝桥梁，组成无数大大小小的城镇乡村、矿山工厂——所有这些依靠人的力量在原生的自然环境中建成的物质实体，包括它们之间的虚空和排放物，构成了次生的人工环境。

人工环境的主体是建筑。随着科技手段的不断进步，建筑的体量、规模、形态都达到前所未有的程度。而在不同历史时期，建筑、城市、园林形态的多样性，主要是受到宗教信仰、思想信念以及技术手段的影响。我们可以从图 1-14 标志性的建筑物看到，人类历史发展的三个时期的建筑风格的演变。建筑的形式改变着地表的形态并造就了现代的物质文明，生活水平也达到前所未有的高度（图 1-15）。从图 1-16、图 1-17 中我们可以看出人工环境和自然环境是相互依存、相互影响的，人类无节制和无序地发展人工环境所造成的自然灾害、臭氧层空洞、全球变暖证明了

图 1-12 自然环境的生态价值

图 1-13 自然环境的艺术价值

工业化时代的人工环境的建造，没有与自然环境共融共生，从这一点上看，环境设计的使命任重道远。

未来，人工环境与自然环境的共融共生将是人类社会发展的主要议题（图 1-18）。在人工环境建设的道路上，人类还需要突破许多难题。而环境设计的主要工作范畴就在人工环境中，其中包含了很多我们要去探究的原理，比如人性化的场所中所包含的行为研究、人伦问题、环境的绿色可持续系统的生态问

题、关于地域环境归属感建设的文化问题等。始终如一地去完善人工环境、治理人工环境将是我们的主要任务。

人类历史发展的三个时期
人工环境的建筑尺度对比

狩猎采集时期
1. 法国布列塔尼半岛原始整石柱
2. 英国索乐兹伯里石碑
3. 美洲印第安人帐篷
4. 圆形树枝棚

农耕时期
1. 泰姬陵
2. 吉萨金字塔
3. 天坛祈年殿
4. 五重塔
5. 吴哥窟
6. 圣索菲亚大教堂
7. 帕提农神庙
8. 罗巴万神庙
9. 科隆大教堂
10. 巴黎圣母院

工业化时期
1. 埃菲尔铁塔
2. 帝国大厦
3. 克莱斯勒大厦
4. 世界贸易中心大厦（2006）
5. 威利斯大厦
6. 法兰克福商业银行大厦
7. 伦敦塔
8. 中银大厦
9. 中环中心
10. 帝王大厦
11. 吉隆坡石油双塔
12. 金茂大厦
13. 上海环球金融中心
14. 波音 777 飞机
15. 哈利法塔
16. 上海中心大厦

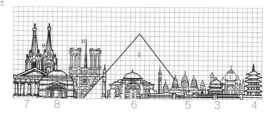

图中每格长度为 10m

图 1-14 人类各历史阶段建筑形态的演变（作者：郑曙旸 韦爽真）

图 1-15 法国现代公寓楼

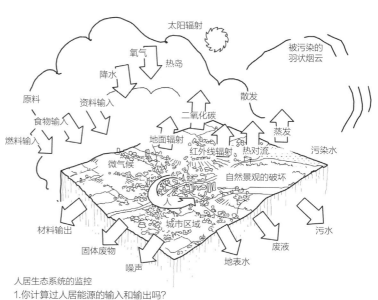

人居生态系统的监控
1. 你计算过人居能源的输入和输出吗？
2. 你如何减少非持续的能源的输入和输出？

图 1-16 人居生态系统

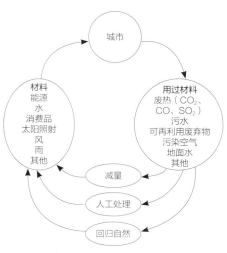

图1-17　城市循环系统

图1-18　人工环境与自然环境共融的庭院设计

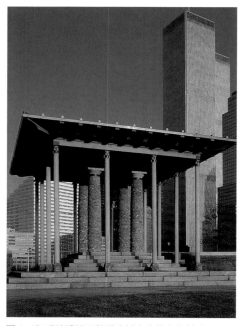

图1-19　环境设计不能脱离其产生的文化基础

3.社会（人文）环境

社会人类生活的共同体，是以共同的物质生产活动为基础而相互联系的人们的有机总体。马克思说："人是最名副其实的社会动物，不仅是一种合群的动物，而且是只有在社会中才能独立的动物。"人的社会属性使环境设计专业充满了人性的探索。

环境设计的很多内容是在社会公共环境中发生的，王建国老师在《城市设计》中谈道：空间关系虽然是城市规划考虑的重点，但这并不是单纯的物质形体空间，而是由社会关系中生长出来的空间，或者说，是社会在城市空间上的"投影"。

与自然环境、人工环境不同的是，社会环境属于意识形态范畴。人类社会在漫长的历史进程中，受到不同的原生自然环境与次生人工环境的影响，形成了不同的生活方式和风俗习惯，造就了不同的民族文化、宗教信仰、政治派别。受人类主观认识世界的不同思想、方法的影响，在东方，社会环境按地域人文形成了三大文化圈：以中东为中心的伊斯兰文化圈，印度和东南亚文化圈，中国、朝鲜和日本为代表的东亚文化圈；在西方，形成以基督教文化为主的欧洲文化圈。因此，环境设计不能脱离这些因素，创作中会自然地反映这些因素带来的影响（图1-19）。人们在交往中，组成了不同的群体，每个人都处在各自的社会圈中，从而构成了特定的人文社会环境。人文社会环境受社会发展的影响，呈现出丰富多样的环境空间形态，也深刻地影响着人工环境的发展（图1-20）。

社会环境与环境设计所形成的密切关系，使我们必然会对社会中各种空间现象、空间问题具有敏锐的观察力。这也是初学者不容易体会到的一点，因此，我们在学习中要有意识地培养这方面的能力。

以上我们分别从自然环境、人工环境和社会（人文）环境等方面对环境的基本概念进行了阐述。然而，在现实生活中，这三者的关系并不是独立存在的，从图1-21可以看出这种状态使人类在发展人工环境的同时，还受到其他两个环境因素的制约，自然环境制约着人工和人文环境，人工环境创造了人文环境。而人文环境反过来则深刻地影响着人工环境，并且这二者应答着自然环境。三者共同构成了我们的生活环境。

设计对环境的反作用力成为设计研究的一大课题，这一点充分体现在文化、价值观对经济增长的影响上。图1-22至图1-25案例所反映的都是通过环境设计来协调自然、人工、社会环境的关系，世博会等大型综合性的社会活动的策划更集中反映出人们对环境的意识达到了多纬度、多层次的境界（图1-26），三个

图1-20 环境设计对社会环境的影响

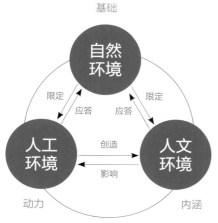

图1-21 三大环境的关系要（赵一舟）

环境的关系映射在城市肌理上，如同一张铺开的网，每个联络的点都反映出设计的反作用力对其造成的影响。

特别是当今城市化进程的飞速发展，人们越来越关注城市的发展所带来的诸多社会问题，用设计的手段来弥补是未来城市发展的必经之路。（图1-27）

二、环境设计的含义

环境设计是人类对生存环境的美的创造。它必须根植于特定的环境，吴家骅在《环境艺术设计》中谈道"环境设计要解决的问题，用一句话来定义：就是以建筑等限定空间的构造物为'界面'，从这个界面内外两个方面的空间认识出发，来营造和优化人居环境。"

处于设计学下面的环境设计专业（130503），要求依据对象环境调查与评估，综合考虑生态与环境、功能与成本、形式与语言、象征与符号、材料与构造、设施与结构、地质与水体、绿化与植被、施工与管理等因素，强调系统与融通的设计概念，控制与协调的工作方法，合理制定设计目标并实现价值构想。（《学位授予和人才培养一级学科简介》国务院学位委员会第六届学科评议组）

"环境设计"是一门新兴的学科，关于它的特点和属性，可作如下总结：

作为一项建设活动。环境设计是指以构成人类生存空间为目的，根据人们在物质功能、精神功能、审美功能三个层次上的要求，运用各种艺术和技术手段解决处理物体与空间的位置关系，并用图纸、模型、文件等形式表达出来的创作过程，是为人创造安全、高效、健康、舒适环境的一门科学与艺术。

图1-22 综合人、自然、社会三大环境要素的设计

图1-23 重庆洪崖洞旧城改造体现出城市历史的建筑原理

图1-24 苏州金鸡湖公共绿地区域

图 1-25 荷兰阿姆斯特丹城市空间——空间定位准确的环境设计

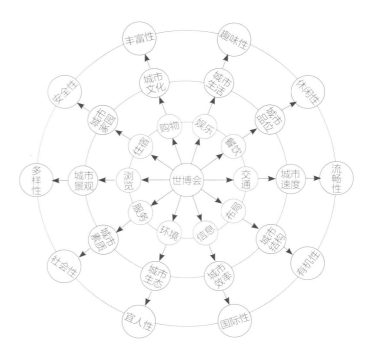

图 1-26 对世博会的社会环境分析,反映出环境设计对社会环境的影响

图 1-27 三峡库区新城——万州,城市飞速发展给人带来的对环境与社会问题的思考

作为一种价值观念。从宏观上讲,环境设计涉及整个人居环境的系统规划;从微观上讲,它关注着不同场所、不同功能、不同人群的相互关系和相互作用;从艺术的角度看,它激发着人们对生活的美好愿望;从技术的角度看,它帮助各相关专业协调整合,以此服务于人。

作为一个方法论。环境设计以自然环境为出发点,以科学与艺术的手段协调自然、人工、社会三者之间的关系,使其达到一种整体和谐的运行状态。

值得一提的是,环境设计在我国最近几十年迅速发展让我们深思一个学术上的问题,就是如今的建筑、规划、景观、室内等领域在走向大统一,这一趋势让人们越来越认识到环境的整体性意义,环境设计的专业性质恰恰契合了这种需要,它倡导的环境整体观、艺术的创作观、人性化的设计观将会在未来的社会发展中彰显出独特的魅力。

三、环境设计的主要内容

1.室外环境设计

（1）城市设计。从广义上讲，城市设计指对城市社会的空间环境设计，即对城市人工环境空间加以优化和调节。城市设计的主要目标是改善人的生活空间的环境质量，相对城市规划而言，城市设计更偏重于空间形体艺术和人的知觉心理。不过，不同的社会背景、地域文化和时空条件会有不同的城市设计途径与方法。

城市设计是城市规划的姐妹篇，包含社会系统、经济系统、空间系统、生态系统、基础设施五个方面。前两种是隐性的，属于政府针对城市文化特点、经济发展规律而制订的决策性规划。后三种是显性的、具体的设计项目。在理工科院校中，城市规划是包括经济学、社会学、地理学等以研究城市、城乡规划与建筑设计的综合性学科，倾向于城市的广义特征（图1-28）。但在以艺术院校为代表的文科院校中，环境设计更关注城市设计的物质内容，即对城市社会的空间设计，更倾向于城市设计的狭义特征（图1-29）。和城市规划相比，城市设计更注重人的生活实际需求，自下而上地调研和聚焦这些需求，并用空间营建的方法进行设计。

（2）建筑设计。对环境中的建筑物或构筑物进行形态设计。建筑设计包括建筑工程设计和建筑艺术设计。前者是通过技术手段解决建筑作为人类赖以生存的栖息场所必须具备的承重、防潮、通风、避雨等功能，后者是通过艺术思想研究建筑作为人类寄予生存理想的载体所展现的风格、气质和形态。环境设计倾向于后者，注重研究思维创新。（图1-30）

（3）园林景观设计。园林景观设计是指建筑外部的环境设计，包括庭院、街道、公园、广场、桥梁、滨水区域、绿地等外部空间的设计。现代景观设计是针对大众群体研究城市与自然环境协调发展的学科，包含视觉景观形象、环境生态绿化、大众行为心理三个方面，具有规划层面的意义，呈现出城市规划、建筑、维护管理、旅游开发、资源配置、社会文化、农林结合等学科交叉综合的特点。（图1-31）

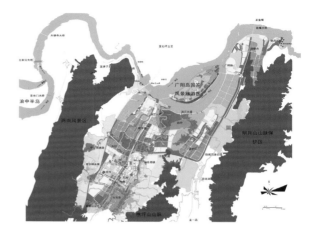

图1-28 重庆西部城市规划

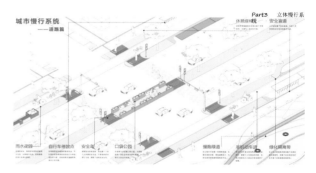

图1-29 重庆大学城城市更新慢行系统设计

图1-30 建筑设计（崔凯）

图1-31 园林景观设计

（4）公共艺术设计。公共艺术设计是指在开放性的公共空间中进行的艺术创造，这类空间包括街道、公园、广场、车站、机场、公共大厅等室内外公共活动场所。它的设计主体是公共艺术品，也包括城市市政设施与城市家具的设计。（图1-32、图1-33）

2.室内环境设计

室内环境设计即我们常说的室内设计，是根据建筑物内部功能、定位的需要进行的空间构成、样式风格的设计，也包含家具的设计。一般来讲，室内设计按照使用类型分为居住空间、工作空间、公共空间、展示空间四大类型。（图1-34）

从表1-2中我们可以看出，环境设计在学科内容上的层次非常丰富——它与现代意义上的城市规划的主要区别在于，城市规划更关注社会经济和城市总体发展计划，环境设计侧重于对具体空间形态的建构，更偏重于空间形体艺术和人的知觉心理；与景观设计不同的是，环境设计的设计门类更为广泛，在具体实施的过程中，它需要借鉴景观学，综合地、多目标地解决问题，强调结合设计学分析问题的工具艺术地解决问题。环境设计关注领域如图1-35所示，我们可以从中看出它的核心领域和延伸辐射领域。

图1-32 荷兰公共汽车站设计

图1-33 法国戛纳城市公共设施设计

图1-34 室内展示设计

表1-2 环境设计专业内容归纳

环境设计	城市设计	广义：在理工科院校中，城市规划是包括了经济学、社会学、地理学等以研究城市、城乡规划与建筑设计的综合性学科。	社会系统
			经济系统
			空间系统
			生态系统
			基础设施
		狭义：在以艺术院校为代表的文科院校，环境设计学科更关注城市设计的物质内容，即对城市社会的空间系统设计。空间形式的物质环境内容包括各种建筑、市政设施、园林绿化等，必须综合体现社会、经济、城市功能、审美等方面的要求，因此也称为综合环境设计。	城市交通与道路规划
			居住区规划
			城市公共空间
			城市历史文化遗产保护
			城市绿地规划
	建筑设计	工科院校的主要目的：通过技术手段解决建筑作为人类赖以生存的栖息场所必须具备的承重、防潮、通风、避雨等功能。	居住建筑
		文科院校的主要目的：通过艺术思想研究建筑作为人类赖以生存的载体所展现的风格、气质和形态。	公共建筑
	园林景观设计	传统风景园林设计：在城市中如何运用植物、建筑、山石、水体等物质要素，以一定的科学、技术、艺术为指导，充分发挥其综合功能，因时、因地制宜地选择各类城市园林绿地进行合理规划布局，形成有机的城市园林绿地系统，以便创造卫生、舒适、优美的生产生活环境。	住宅小区景观设计
			城市街道与广场景观设计
		现代景观规划设计：是针对大众群体研究城市与自然环境协调发展的学科，包含视觉景观形象、环境生态绿化、大众行为心理三个方面，注重对城市公共环境、土地资源的合理、创造性开发和对生态环境的保护利用。强调改变环境的生态途径和关心邻里尺度的场所精神，是生活的、动态的、生态的、文化的系统。	滨水带景观设计
			城市公园景观设计
			风景名胜保护
	室内设计	居住空间	单体平房、跃层室内、别墅
		工作空间	办公空间、厂房车间
		公共空间	商场、饭店、餐厅、酒家、娱乐场所、影剧院、体育馆、会堂
		展示空间	会场展示、会馆展示
	公共艺术设计	公共艺术品	城市雕塑、游憩小品、装饰小品
		市政设施设计	休息设施、照明设施、水池、信息设施、清洁设施

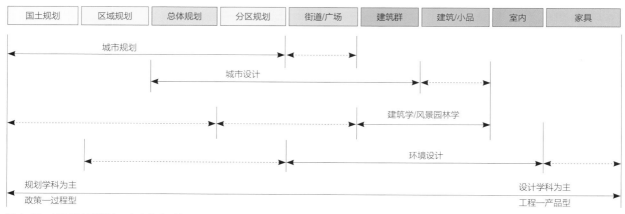

| 国土规划 | 区域规划 | 总体规划 | 分区规划 | 街道/广场 | 建筑群 | 建筑/小品 | 室内 | 家具 |

城市规划

城市设计

建筑学/风景园林学

环境设计

规划学科为主   设计学科为主
政策—过程型   工程—产品型

图 1-35 人居环境科学的三大支柱学科与环境设计关注领域纵向比较图

四、环境设计的研究对象

1.实体

环境设计是以满足某种实用功能为前提的，而实体是实用功能的载体，因此，我们的第一个研究对象便是实体。狭义地讲，实体主要是指人能进入内部遮风挡雨和发生各种社会关系的围合体量。广义地讲，实体包含了人为环境中的所有建构，主要分为以下四大类：

（1）建筑实体。建筑为人所造，供人所用。建筑空间是由物质材料构成的，研究建筑就是对构成建筑的材料、技术、形式、功能进行研究。建筑具有功能性、时空性，作为社会文化的一个重要载体，还具有民族和地域特征，呈现出丰富的形态特征，环境设计有定义场所的重要功能。因此，一个建筑实体不仅要解决自身的功能问题，同时还要考虑环境中的场所形象的问题。（图 1-36）

（2）构筑物。构筑物是指人们不直接在内进行生产和生活的场所，主要供人短暂停留和休憩的人造构筑实体，如亭、廊、桥等，其与自然元素一同建构环境形态，在景观设计中运用得极为广泛。与建筑最大的区别是，它的围合程度远低于建筑实体，和环境保持充分的交流，具有通透性强、互动性强的特点。构筑物在尺度、材质、造型上灵活多变，具有丰富的构造语言与形式。（图 1-37）

图 1-36 建筑实体

（3）标识物。标识物指的是在环境中起到引导、标志、识别作用的人造构筑实体，如公共雕塑、纪念碑、钟楼、牌楼等。这些标识物往往是一个场所中具有精神指向功能的实体，和空间、场所的属性紧密相连。（图1-38）

（4）附属设施。它包含座椅、垃圾箱、装饰小品等。虽然和空间规划没有直接的关系，但和人的行为互动体验密不可分，彰显着环境空间的品质，也是环境设计重要的研究对象。（图1-39）

2.空间

与建筑实体相比，空间是虚体。然而，就是空间这个眼睛看不见只有用心感受的对象给环境设计带来了无穷的魅力。它承载着对空间的阐释、组织、营造等多种功能。在场所中，正是由实体和空间的合理、有效、艺术地组合与搭配，才构筑出人为环境的理想形态。（图1-40、图1-41）

空间的特性包括：

（1）容纳性，可容纳人与物，并构成一定的内在关系。

（2）内向或外向，用围合或开敞的手法营造人的心理归属。

（3）运动的，空间的起承转合带来视觉的丰富体验乃至心理感受。

（4）自我的，也是人或事物的背景，可以独立存在也可以依附于构筑物，空间可支配物体，也可被事物主宰。

（5）排斥力，空间具备的场所感排斥一切非空间意象的存在。

（6）可用来激发情感或产生一系列预期反应。

（7）局部与整体，再单纯独立的空间都要与整体发生联系。

空间的研究内容包括对场所功能、性质的理解，这是空间设计的前提，对空间氛围的营造则是空间的艺术性体现，这两个方面构成了空间研究中既相互关联又相对独立的部分。（图1-42）

另外，尺度感的培养也是进行空间训练的重要内容。其实，我们要研究、探索空间的内容还有很多，越是探索空间形态越能发现设计的多种可能性。

图1-38 标识物

图1-39 附属设施

图1-40 法国巴黎的城市公共空间

图1-41 美国加州索尔克生物研究所建筑与空间形态

图1-37 左图：园林构筑物——杭州金鸡湖工业园区构筑物设计；右图：荷兰阿姆斯特丹商业环境构筑物设计

顾大庆先生在建筑的空间构成方面的探索比较具有代表性，他尝试从以轴线对称为原则建立起来的古典主义的布扎体系到以"透明性"为代表的现代建筑空间组织手法，提出当代建筑空间以体块为模型操作的手法，探究了分割与挖去、平衡与占据、界定与调节等空间构成手法，使围绕格式塔心理学的图底空间分析更加明晰。（图1-43）

3.行为

行为是环境设计中非物质形态的研究内容。环境设计最终的服务对象是人，任何环境离开人的参与和使用就会变得毫无价值。所以，我们在定义和理解一个场所、空间前，要先充分分析环境中的人的行为方式，并且围绕人的行方式来展开对环境的建构（图1-44）。

我们研究人的行为是为了找到设计的本质、缘由和方法。只有设计重视了人的行为本身，设计成果才具有存在的价值和意义。因此，行为的研究是非常重要的，虽然它不是物质形态，却能够左右物质形态的组成和建构。

我们可以从"马斯洛需求层次理论"看出，人的需求从低级发展到高级分为五个层次：生理需求—安全需求—社会需求—尊重的需求—自我实现，而环境设计的实用功能和精神功能从不同层面上满足了这五个方面的特征。并且，在环境设计领域关于行为的研究远不止马斯洛的五大需求这么简单，人的行为还和环境空间发生着多样复合、相互影响的关系（图1-45）。

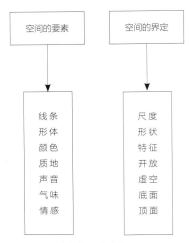

图1-42 空间的研究内容

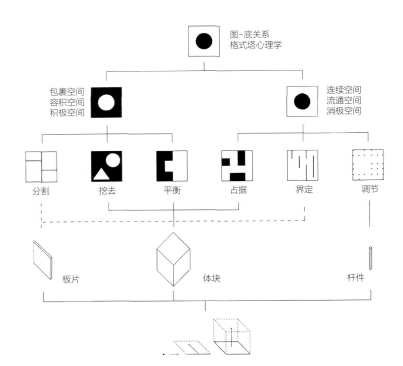

图1-43 空间构成知识体系（顾大庆）

图1-44 行为在设计中的表达

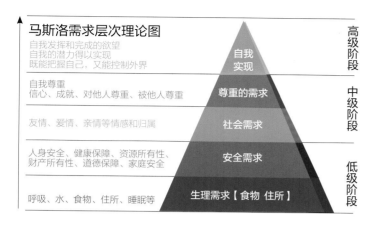

马斯洛需求层次理论图

自我发挥和完成的欲望
自我的潜力得以实现
既能把握自己，又能控制外界

高级阶段

自我尊重
信心、成就、对他人尊重、被他人尊重

中级阶段

人身安全、健康保障、资源所有性、
财产所有性、道德保障、家庭安全

友情、爱情、亲情等情感和归属

呼吸、水、食物、住所、睡眠等

低级阶段

自我实现
尊重的需求
社会需求
安全需求
生理需求【食物 住所】

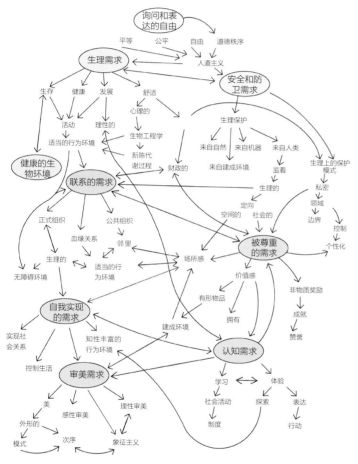

图 1-45 上图：马斯洛需求层次理论；下图：人的需求层次

人类行为特点的多样化源于心理需求的丰富，从表面上来看，同样的行为也会带来心理需求上的差异，所以对人的行为研究也包含了对人的心理需求的研究。不同身份、职业、年龄的人在不同的空间中会产生不同心理反应和行为，因此设计师不仅要研究空间，还要研究人的行为，二者相结合才能设计出成熟的设计方案（图1-46）。德国社会心理学家勒温用拓扑学原理将"心理场"定义为"心理生活空间"，即"综合可能事件的全体"。1942年，他提出的"场论"特别强调了以下四点：（1）场论是一种建构和发生的方法；（2）场论是一种动力的研究；（3）场论强调对心理过程的研究；（4）场论是将环境作为一个整体进行分析。研究行为心理，对于探索空间的吸引力尤为重要。

以步行中的空间体验为例，从表1-3我们可以看出人的行为研究的内容是怎样与设计联系并引导设计的。

从某种角度说，"环境"可以被看作一种精神建构、一种意象，而意象是个人经验和价值观过滤环境刺激因素后产生的结果。通过对人的行为的研究，将环境作为人体验的载体，引导人产生某种意象——

图 1-46 对人的行为特点进行研究来获得设计的趣味性

表1-3 步行环境中一般性的感官刺激

触觉	视觉
温度	显著的地形
湿度	植被
降雨	水景
长凳和可以坐人的矮墙	各种自然界面
可以坐人的地面	太阳和阴影
横木、柱墩和把手	雨、雪、雾、水汽
栏杆和扶手	烟
电话、自动售货机和提款机	垃圾
脚下的质感	标志牌
可触及的植物	商店的广告牌
水	橱窗展示
建筑立面	招贴广告
食品和饮品	告示板
人与人的接触	墙和栅栏
	户外的家具和小品
听觉	头顶上的电线和电缆
一般的交通噪声	建筑
极端的卡车交通噪声	野生生物
地铁的轰隆声	空间的整体特色
飞机噪声	工地
远处高速公路噪声	表面质感
回声	颜色组成
说话声	色调对比
游戏活动发出的声音	每日变化
音乐和歌声	季相变化
职业的和业余的娱乐活动	月光
风声	夜光
水声	明亮炫目之光和星体反射率
野生动物发出的声音	位于重要地点的观景棚
铃声、钟琴声、口哨声	优势地点
随风鼓动的旗帜和织物发出的声音	普遍的秩序感
可移动的家具声音	整体的和谐
小商贩的叫卖声	
机器声	**嗅觉**
暖气装置、通风装置和空调系统发出的声音	汽车尾气
人在不同材质的地面上走动发出的声音	有气味的烟
	新鲜空气
视觉	芳香的植被
空间感（形式、尺度等）	饭店出入口的气味
物体的形状	咖啡馆散发出的气味
物体的比例和尺度	垃圾和动植物残骸腐败的气味
社会活动	废料场散发出的气味
车辆活动	排气扇排出的气味

这一过程，都是以人为主体贯穿环境设计的始终。（图1-47）

4.自然

实体、空间、行为都是对人和人为环境的研究，但人并不是孤立地生存在地球上的，我们应清楚地认识到，人在环境改造的过程中要思考怎样顺应和利用自然（图1-48）。关于自然的一切必然成为我们了解和认识设计的重要内容。特别是在景观园林的范畴，我们要抱着谦卑的态度去仔细分析研究自然中的风、水、土等自然元素，并且把对自然的研究成果应用到实际人为环境的建造中，为具体的设计实践指明方向，更多地从整体性的角度考虑协调发展问题（图1-49、图1-50）。

我们可以从以下四个方面对自然进行研究：

（1）地形：主要指对自然的审美意义，地形所产生的天际轮廓线、台地关系所导致的规划成本等问题的研究。

（2）水土：对水土保养、保持的研究，倾向于自然的生态学意义。

（3）气候：研究内容包括可持续发展的策略，生态小气候的可调节手段等。

（4）植被：它是环境设计中的软景观要素，内容包括对环境中植物的分析及利用，自然的生态功能和艺术功能在植被中都有体现。

图1-47 波士顿城市广场中的签名墙设计引发了互动行为

图1-48 上海浦东新区将绿地引入城市中心

图 1-49 杭州充分利用自然资源所做的生态型城市设计

图 1-51 美国规划部门对河道两岸保护范围的立法

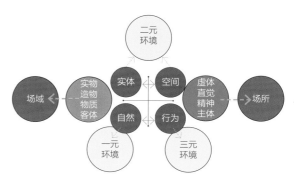

图 1-52 环境设计四大研究对象

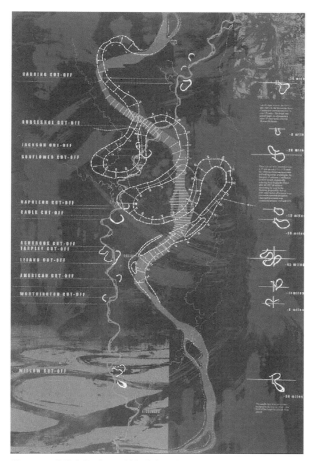

图 1-50 哈佛大学对于河道在裁弯取直过程中，河床形态的变迁分析

基于自然的脆弱性和资源的不可再生性，我们有必要通过颁布相关法律法规来约束人们的设计活动。（图 1-51）

设计过程和自然发生着不可分割的关系，主要表现在废弃物处理、能源的利用、环保材料的选用、空间的交融四个方面。由此看来，设计不能脱离自然而独立存在，合理科学地利用自然环境必定会给我们的生产和生活带来巨大的益处。

综合上述，我们从环境设计研究的对象，即实体、空间、行为和自然四个维度进行了论述。它们反映了一元环境（自然环境）、二元环境（人工环境）以及三元环境（社会／文化环境）的相互关系与相互作用。由此我们看到，自然与实体构成了较为显性的场域环境；而空间与人的行为更为潜在、不可见，是通过互动带来更加动态的感知，构成了较为隐蔽的场所环境。（图 1-52）

图 1-53 佐佐木设计事务所的生态环境设计案例

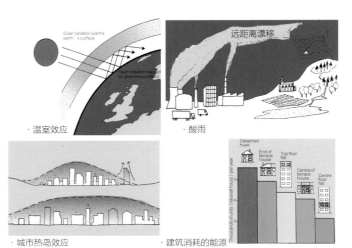

图 1-54 人类活动对环境造成的污染

《美国华盛顿州环境政策法》要求在环境清单和环境影响声明中必须列出的自然和人工环境元素

WAC 197-11-444：环境元素

1.自然环境

（1）土地

①地质

②土壤

③地形

④独特的自然特征

⑤土地侵蚀或扩展（增长）

（2）空气

①空气质量

②气味

③气候

（3）水

①地表水流动/数量/质量

②流失和吸收

③洪水

④地下水流动/数量/质量

⑤公共用水供应

（4）植物和动物

①植物、鱼类和其他野生动物的栖息地、数量和物种多样性

②独特物种

③鱼类和其他野生动物的迁徙路线

（5）能源和自然资源

①需要的数量/使用率/效率

②资源/实用性

③不可再生资源

④保存和可再生资源

⑤风景资源

2.人工环境

（1）环境健康

①噪声

②爆炸的危险

③释放或可能释放到环境里，对公众健康造成影响的有毒或危险物质

（2）土地和岸线使用

①与现有土地使用规划、预测人口的关系

②住宅

③光线和眩光

④审美

⑤休闲娱乐

⑥历史和文化保护

⑦农业种植

（3）交通

①交通系统

②机动交通

③水上、铁路和空中运输

④停车场

⑤人流、物流的运动和循环

⑥交通危险

（4）公共服务和设施

①火警

②警察

③学校

④公园和其他休闲娱乐设施

⑤维护

⑥通信

⑦供水/洪水

⑧排水/固体垃圾

⑨其他政府服务和设施

3.为了将环境影响声明的形式简单化，减少文字工作和重复工作，增强可读性，将焦点放在环境影响问题上，可能将一部分或者所有上面提到的元素综合起来考虑

第三节　环境设计的属性与特征

一、环境设计的属性

1. 生态的属性

在英语中，"生态"（ecology）一词源于希腊语中的"oikos"，是"家"的意思。这一定义的扩展是对所有有机体相互之间和它们与生物及物理环境之间关系的研究。人类是有机体，也处在生态体系中。因此，出于对可持续发展成为的学科核心价值的关注，就注定了环境设计的生态属性。（图1-53）

在时代发展的语境下，城市与乡村、自然与人文日渐混同，因此从空间、功能和动态观点来理解环境设计就成了关键。我们要常常提问：在我们的决策和设计中，谁受损，谁受益？因为环境设计的生态属性迫使我们要顺从这样的属性，否则我们的设计便成了垃圾。（图1-54）

从《美国华盛顿州环境政策法》可见其先进的设计理念和对环境设计的生态属性的深刻认识。

2. 文化的属性

人类通过社会实践活动创造了文化。文化一词来自拉丁文的"culture"，其内涵是极为复杂的，包括知识、信仰、艺术、道德、法律、习俗，以及作为社会成员的人所获得的一切能力。现代人类文化的发展，主要维系于社会科学的研究及文化的贡献。文化包含了人类社会的各种智慧结晶，如知识、行为、物质存在以及凝结在这些存在中的思想意识，当然也包括了建筑及环境的设计和发展。（图1-55）

构成环境设计的文化因素有很多，可以大致分为三个层次（以建筑为例）：包含以"形"的建筑物和环境设备等，以"意"为主的建筑情感、场所意识、环境意识、环境观念、建筑思想等，以"形""意"相结合的营造技术、营造制度、设计语言、建筑艺术三个方面（图1-56）。若从文化学的角度来讲，也就是文化构成因素的物质、心理、心物结合三个方面。环境设计具备文化的属性，特别对其"意"有着必然的联系，我们可以通过环境的种种物质形态来揭示其

图1-55 厦门即将消失的红砖民居

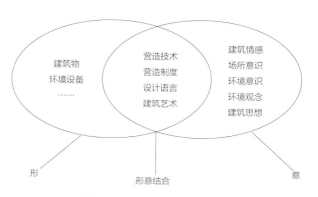

图1-56 构成环境设计的三个层次

所蕴含的各种思想意识和反映或营造我们所向往的文化。

社会是环境设计发展的背景。一方面人创造了社会，另一方面社会又促成了人们的基本思想、意识观念，而不同的社会环境又形成了不同的人的基本思想、意识观念，其中包含了建筑及其环境的文化意识观念，这就是存在于环境设计中的文化属性。社会环境包括社会物质环境、社会制度环境、社会精神环境，这些不同形态的社会环境都直接影响着人们建筑环境文化意识形态的形成。同时，也包括不同群体规模的社会环境，即国家、民族或地域、社会团体或家庭，而具备不同社会内涵的群体也决定了人们建筑文化意识观念的内容。环境设计反映出上述文化特色，其本身也是文化的一部分，因此它既是文化的产物，也是文化的体现，是社会的上层建筑之一。（图1-57、图1-58）

人类各区域的环境设计文化是由同一走向多元，又从多元走向同一。谨慎地看待环境设计中的文化属性，特别是在当今世界趋同的潮流中，本土文化渐行渐远甚至消失，人类所处的环境特别是城市环境更像是在"沙漠地带"，我们更应从塑造文化的角度来看待设计的特殊价值。并且，一个区域的经济技术、开放力度水平越高，区域化的环境设计文化属性就会越强，就会产生强烈的文化感染力。

3. 时空的属性

环境设计的时间性，即时代性或历时性、阶段性等。

世界上客观存在的事物，包括有机物和无机物，都必然是经历形成、发展和消亡的过程。无论是人类的环境总体，还是任何区域的环境总体，都是以某种性质和内涵为主导，并且总是由意识观念所组成。环境设计的主体和载体都是人，其存在的历时性就更显

图 1-57 上图：韩国建筑师承孝相的地景建筑设计，获 KIA Prize，the SwooGeun Kim Prize 以及建筑文化大奖；下图：首都博物馆，对文化符号的提取彰显设计的文化背景

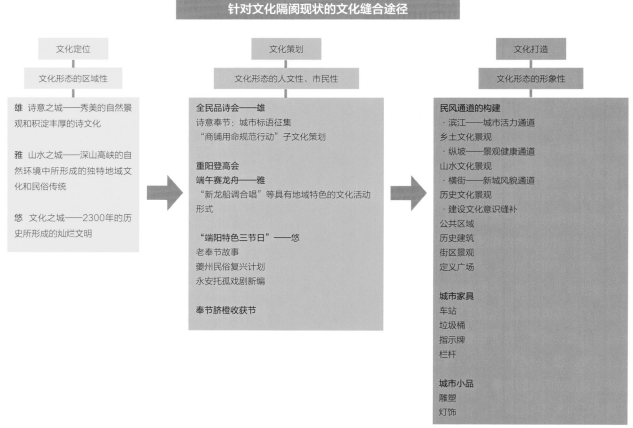

图 1-58 文化属性在设计中的显现——三峡库区城市形态研究课题成果（韦爽真）

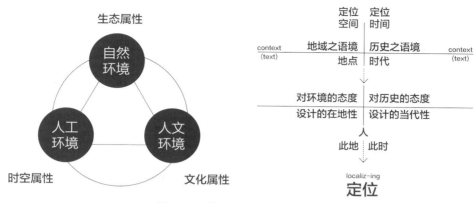

图 1-59 环境设计的三大属（赵一舟）

著、更明确，有生命的历时痕迹将在建筑文化的发展道路上留下不同的印记，成为环境设计发展的标志。

　　环境设计是某一时期、某一特定区域发展出来的产物，它的时代性特征非常强，环境设计的这一属性往往使任何一种设计类别（包括城市设计、建筑设计）都以那个时期的名称进行命名，如西方建筑的古典主义时期、现代主义时期等，都是以某种建筑文化思潮来代表那个时代所流行的建筑和设计类别。而任何一个时代都有其产生和发展的过程，在这一发展过程中，它主导着这一时期的环境设计的总体内容，包括建筑构件、建筑体量、建筑风格、建筑群落、城市规划、空间形态、行为方式等。所以，环境设计除生态、文化的属性外，还具备四维意义的时间属性。

　　环境概念中三个基本面对应了它的三大属性——自然环境决定了其生态属性，人工环境的共时性、历时性决定了其时空属性，社会（人文）环境决定了其文化属性。每一个环境设计实践都不同程度地映射了这三种对应关系。换句话说，环境设计一直在追求或者表达着关于此地（空间—自然）、此时（时间—人工）和人的一切活动（人文—文化）的和谐共存的关系。（图 1-59、图 1-60）

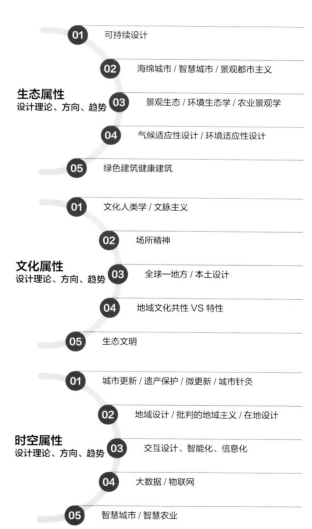

图 1-60 环境设计的生态、文化、时空三大属性所涵盖的内容（赵一舟）

二、环境设计的学科特征

1. 系统性与广延性的统一

环境设计是与人类生产、生活密切相关的综合性学科，是多学科交叉的系统艺术。城市与建筑艺术、绘画、雕塑、工艺美术以及园林景观之间的相互渗透，促使了环境设计学科的形成和发展。相关的学科涉及城市规划、建筑学、艺术学、园艺学、人体工程学、环境心理学、生态学、地理、气象等领域。同时，环境设计学科并不是这些知识简单、机械地综合，它们是互相补充、有机结合的。从它内容的五大板块中我们能够看出每一个板块都具有严谨的内在规律，并且彼此之间是相互影响、互为前提的。

设计学科的系统性与广延性决定了它的边缘性，它涉及人类学、社会学、心理学、哲学、美学、逻辑学、方法学和思维科学、行为科学等众多传统学科。而环境设计是在人工环境与自然环境两大范畴的边缘产生的，因此它的专业知识也处于众多的自然学科和社会学科的交叉领域的范畴。建筑学、城市规划、生态学、环境科学、园林学、林学、旅游学、社会学、人类文化学、心理学、文学艺术、测绘、计算机应用技术等都是环境设计可利用和借鉴的学科体系。（图1-61）

另外，多方专业人士的参与也体现出环境设计专业的综合性，培养的也是能综合应用多学科专业知识的人才。它不仅向建筑学和城市规划学生开放，

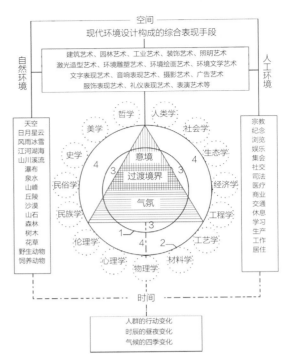

1.室内环境圈 2.室外环境圈 3.室内环境非艺术表现区 4.室外环境非艺术表现区

图 1-61 环境设计的构成系统

也向其他具备自然学科背景或社会科学背景的学生开放，持各种专业背景的人都有机会基于各自的学科基础参与到环境设计实践中来，它并没有固定的模式与严格的专业界限，这体现出了它的广延性特征。同样，环境设计专业培养的专业人才也向以上的专业领域渗透，从而显示出交叉性学科强大的生命力。（图1-62）

艺术设计系统是由众多不同的子系统组成的，每个子系统又自成体系，我们称其为专业方向。环境设计学科学生学习的主要任务，除了要努力掌握各系统的共同规律之外，还要尝试了解相关专业方向的特殊规律，这不但有助于他们对环境设计系统的深入了解，也有助于把握各专业方向的特点和规律。

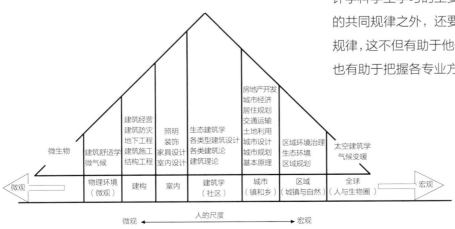

图 1-62 跨学科的开敞性

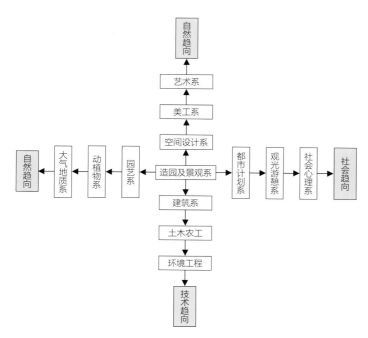

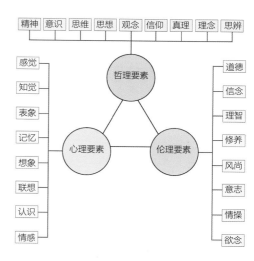

图 1-65 环境设计的文化体系组成

图 1-63 景观设计与其他学科门类相互渗透转化示意图

图 1-64 日本现代建筑展现出技术与艺术的结合

在艺术领域，各门类之间相互联系和融通的现象是普遍存在的。不同艺术之间的联系和融通，存在着多种方式。大致分为吸收与借鉴和相互配合两种。环境设计在与其他学科的吸收、借鉴与配合下，不断发生倾斜，走出独特的专业发展之路。（图 1-63）

2. 艺术与技术的统一

从环境设计的发展史中我们得出一个结论：任何历史时期的环境设计都是技术力量与艺术力量合力形成的产物（图1-64）。环境设计实用功能的现实要求使它会运用到先进的技术手段，而它对艺术的追求为其深深地打上了文化的烙印。

我们无须在环境设计是属于艺术的还是属于技术的问题上争论，也不必去深究它到底是属于理科还是文科，因为它本身就是二者的结合体。从图 1-65 中我们可以看得更为明白。

虽然我们无法全面系统地罗列环境设计中所有的技术和艺术要素，但是却非常明确一个观点，正如法国作家福楼拜曾经预言："越往前进，艺术越要科学化，同时科学也要艺术化，二者从山麓分手，之后又在顶峰汇集。"伴随着环境声学、光学、心理学、生态学、植物学等新兴学科在环境设计中的应用，深刻地体会到了艺术领域中关于语言学、传播学、符号学等学科的价值，使环境设计的技术性和艺术性结合得更为完美。

3. 感性与理性的统一

环境设计的审美过程是一个多维度的感受与认识的过程，是感性与理性的统一。感性是基于个体的认知过程而言的，不受任何条件的约束，而理性离不开现实，离不开历史，讲求以因地、因时、因人为前提条件。所以，我们常说艺术的本质是"戴着锁链的舞蹈"，是"放飞在空中但仍牵线于手中的风筝"，它是感性与理性的矛盾统一体。

图1-66 上图：符合场地特征的景观设计（玛莎·施瓦茨）；
下图：基于场地特征，符合场地条件的景观设计

表1-4 环境设计感性成分与理性成分的对比

感性成分	理性成分
对场所的某种情感	了解事物的内在规律
直觉的引导	场所的内在机能分析
灵感的出现	对基地未来形态的规划
创造性的某种形式	各个利益团体矛盾的综合解决
对文化的依赖	基地自然、文化、历史等因素的体验
对某种既有形式的喜爱	最合适形式的定位与选择

表1-5 环境设计物质因素与精神因素的对比

物质因素	精神因素
构造材料	心理活动（感情、意志、品性）
构造方式的选择 （地形、气候、文化）	私密性与交往
对各种破坏力的防范	对意义的纪念
各种物质功能的满足	民族性的表达
空间尺度的合理	地域文化的强调
施工进度的运行……	时代精神的追求……

设计师要不断地将设计构思应用到实践中去检验、论证，使理性与感性逐渐达到统一，这样设计的成果才能得到进一步贯彻。

我们可以从设计的定义中看出，设计是一种设想与计划，是"为达到预想的目的而制定的计划和采取的行动"。人类根据预想的目的来从事实践活动，只有人才具有自觉的创造性行为。这也就决定了我们做任何环境设计都不是凭空想象，而是有目的、有计划的。它的形成不是简单的形式堆砌或任意发挥，而是基于场地各种条件，准确而规范地应用设计语言。同时，它也不是机械地做算术加减法，而是在过程中通过感性的个性表达来彰显环境场所的特色。它鄙弃复制、拷贝，推崇独创、出新。（图1-66）

细分环境设计中感性与理性的具体内容，从表1-4中不难看出，环境设计中感性与理性的成分往往是相互交织的，它不仅体现在创作上，也体现在审美和评价上，是多种思维的综合表现。设计水平的巨大差异也是缘于诸多思维能力的差异。（图1-67）

4.物质与精神的统一

事物的存在有三种形式：一是物质，二是信息，三是能量。环境设计作为事物的主导形式是物质。我们说建筑首先是物质的，是指它总要占有空间、技术、能源以及物质材料，最后才能成为一个具备某种现实功能的实体。作为一个"物"，它本身不能脱离物质，因而具备物质性；使用它的"人"，也是以物质的形式存在的，"人"也有对物质有需求，也有物质活动。所以相对精神性，物质性是它存在的首要特征。

同时，环境设计也是艺术的一种表现形式，它必须满足人的精神需要。这是它存在的次要特征，是由于人的精神活动和文化创造使环境向特定的方向转变，从而形成特定的风格特征（图1-68）。列表分析见表1-5。

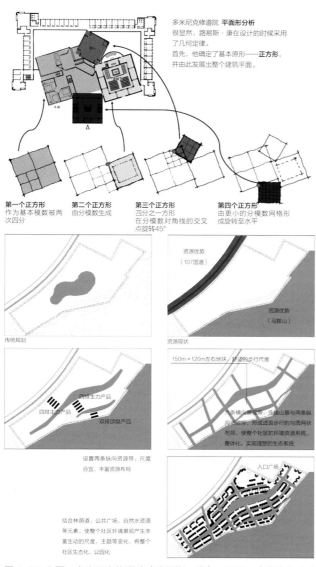

图 1-67 上图：多米尼克修道院（路易斯·康）；下图：中惠沁林山庄规划及建筑方案——设计的出发点是资源的整合

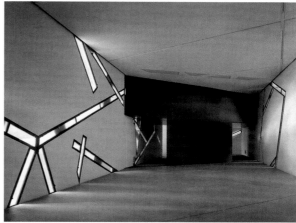

图 1-68 上图：环境设计推崇张扬环境特色的独创性；下图：犹太人纪念馆设计通过多种物质手段表达出犹太人在"二战"期间的精神状态，体现了环境设计物质与精神统一的特征

5.科学与艺术的统一

（1）设计既不是科学又不是艺术。

（2）设计既是科学又是艺术。

（3）当我们用科学的方法、手段来研究设计的规律，就可以叫作"设计科学"。当我们用艺术的方式去创造，去表达情感与美，就可以叫作"设计艺术"。

（4）设计中融合艺术的想象与科学的方法、艺术的创造与科学的分析、艺术的自由与科学的严谨，就会超越简单的"相加"效果，发挥"乘方"的巨大作用。

随着时代的发展和科技的进步，众多基础学科与实践相结合，人工智能、大数据等工具不断增强设计的聚焦，更能满足人们的需求。（图 1-69）

因此，总体来说，环境设计是一个整体。它在学科特征上是系统性与广延性的统一，在设计途径上是艺术与技术的统一，在设计过程上是感性与理性的统一，在设计成果上是物质与精神的统一，在设计的表达上是科学与艺术的统一。

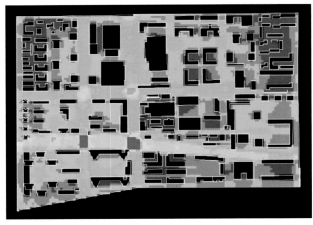 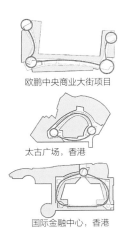 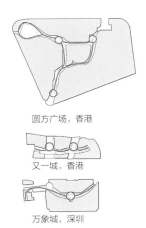

欧鹏中央商业大街项目

太古广场，香港

国际金融中心，香港

圆方广场，香港

又一城，香港

万象城，深圳

图1-69 左图：空间句法中的空间视域分析，帮助设计师判断空间品质；右图：商业购物中心的人行环路设计

本章小结：

1. 主要概念与观念

本章从设计的整体观念入手，首先介绍了设计的基础概念，讲明了环境设计是设计学领域中的一个重要分支，设计学科所具备的因素它都具备，同时点明了设计教学中常出现的认识上的误区，即设计与艺术、设计与技术、设计的创意构思与表达之间的关系。

对环境设计的概念和研究内容、研究对象等基础性的问题做了全面的诠释，分析了环境设计与城市设计、景观设计之间的区别和联系，并且特别对环境设计的研究对象进行了详细的描述，对学生清晰地理解这门学科的主要功能有着重要的作用。

"导论"作为《环境设计概论》的铺垫和引子，强调了环境设计是集综合性、广延性、边缘性于一体的学科，从而明确环境设计的属性特征，对我们全面理解环境设计专业面貌是非常重要的，引导学生树立正确的设计观，为以后系统学习专业知识打好基础。

2. 基本思考

（1）什么是设计？设计的内涵是怎样变化的？

（2）什么是环境设计？它的主要内容和研究对象是什么？

（3）环境设计的属性特征是什么？具体怎么体现？

3. 综合训练

（1）参观某一公共场所，指出环境设计的研究对象在这个场所中是怎样体现的。记录好考察的过程并进行课堂讨论。

（2）经过讨论总结出环境设计的属性特征，形成一篇富有感情色彩的小论文。

4. 知识拓展

（1）概念延展：海绵城市、水敏城市、可持续发展。

（2）实践延展：了解SASAKI、SWA、土人景观、全球排名前十的景观设计集团。

2

环境设计的历史与发展

2　环境设计的历史与发展

图 2-1 美国华盛顿纪念馆环境规划

第一节　环境设计的起源

一、关于历史

　　环境设计的历史是人类认识环境并用自身的力量构造环境的过程。这不仅是人类思想与意识的发展过程，还是掌握技术手段的进步过程，也是人类栖居形态的演变过程。

　　我们在学习设计史的过程中，反思并正确地评价人类所处的历史位置，总结我们的经验，确立我们的立场。从历史发展的眼光来看，环境设计史展现的是人与环境在受到各种外力、内力作用下关系的演变，这个演变也正是人作为最高级的生物去主动影响和改造环境的过程。

　　我们在学习史论课程的过程中，不应死记硬背环境设计的理论知识，而应理解这些概念的发生缘由，把风格演变的内容自然融入发生的缘由中去。建筑及环境设计发生的动因是求知的重点，将设计史与美术史、科技史、社会史、文化史联系起来，将设计的发展建立在社会背景研究的基础上是设计史研究的重要手段。同时，也要注意比较、分析以中国为代表的东方环境设计与以欧洲为代表的西方环境设计的特点及形成。（图 2-1、图 2-2）

　　学习环境设计的历史是教学中一个重要内容，这对于学生树立正确的设计观、帮助他们理解设计的形成、建立科学的设计方法都有着重要的作用。通过对相关历史的了解，我们得知环境设计的历史是在思想、技术、艺术三者的合力作用下，通过城市形态、园林（景观）形态、建筑形态表现的，任何一种形态都涉及自然条件、社会背景、技术进步等因素。学习历史，让我们更清楚地认识到环境设计绝不是孤立的，它综合着系统的动态过程，并使其成为人类文化的因子，延续着人类与自然的故事。随着科技的进步，环境设计经历了从发生到发展再到繁荣的过程，环境设计分为起源时期、传统时期、传统时期后期。（图 2-3）

图 2-2 中国北京颐和园皇家园林的环境规划

二、起源时期

1. 历史分段

　　环境设计起源时期的历史包含有旧石器时代、新石器时代、青铜时代这三个时代。

2. 主要形态表现和特征

　　（1）纪念性建筑的萌芽。人类文明的启蒙时期，面对大自然，人类的首要任务是"生存"。原始人类初步获得了制造工具的能力，带着这一目的制造获得生存机会的武器，学会用人力抗争自然力（图 2-4）。但由于自身能力有限和生产力的低下，使人类对大自然产生了原始的膜拜，特别依赖于动植物，这是偶像崇拜的起源。随着人类走出原始丛林，仰望苍穹，逐渐形成上天、神灵的观念，由此产生了一些代表寻求神明的构筑物，如斯通亨奇的巨石。（图 2-5、图 2-6）

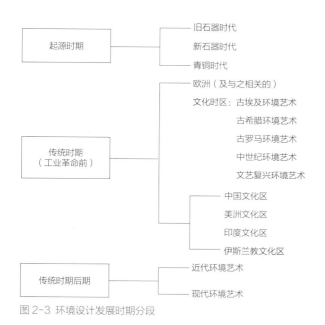

图 2-3 环境设计发展时期分段

图 2-6 斯通亨奇的巨石

图 2-4 起源时期的工具

（2）居住方式的形成。按血缘的氏族群落和依地形、水源而聚居是起源时期主要的居住形态。在人类聚居的过程中，积累对自然的认识经验，根据资源、气候、日照等因素选择住址，逐步形成了原始的聚落规划理念。（图 2-7）

我们可从人类祖先改造环境的过程中看到，人类对自然朴素的认识，反映出人类适应和改造环境的过程就是环境设计的过程。人类对生命的思考、对自然的认识反映在对环境的创造上，这是文化起源重要的组成部分。

（3）社会关系的显现。随着人类经验的积累、新材料的发现和利用与生产力技术的提高，以及剩余产品的出现。在青铜时代，工艺与农牧业分工，催生

图 2-5 斯通亨奇的巨石手绘图

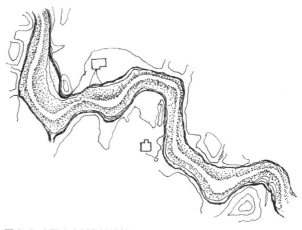

图 2-7 安阳小屯村殷墟遗址

了商品交换。社会关系随之发生变化，出现权力阶层。

中央集权的社会关系使建筑的布局形态呈现向心型组群布局关系，另外宫殿的林地、圣所、祠堂、墓场等公共建筑和设施逐渐兴起。

社会关系的转变促进了环境设计等级观念的形成，建筑和空间的占地面积成为区分等级的一种手段。

第二节　传统时期

我们知道，纷繁复杂的环境设计形态是由诸多因素相互作用而产生的结果，这些因素有内因也有外因，是其合力作用的结果。通过分析传统时期环境设计发生、发展、兴盛、衰亡的因果关系找到事物发展的轨迹和线索，从而总结出发展规律。以撰写通俗历史著作著称的美国作家亨德里克·威廉·房龙（Hendrik Willem Van Loon），在其名著《宽容》中曾提出"解答许多历史问题灵巧钥匙"的"绳圈"图解。他指出，当"绳圈"为圆形时，各要素的作用力相等，当某些要素成为强因子时，绳圈就成为椭圆形，而其他要素的作用力就会不同程度地减弱。这就是多因子的制约"合力说"，它表明历史现象是由许多制约的要素以及许多推动力综合作用的结果。（图2-8）

下面，通过外力作用和内在需要两大方面中的自然力量、技术发展、社会背景、心理需求四个子因素来分析人类环境设计的发展历程，同时摄取其中的强因子来说明某一时期、某一环境形态（建筑形态、城市形态、园林形态）形成的主要动因。

一、西方及与之相关的环境设计

1. 古埃及

从地域上讲，西方文明覆盖的范围包括俄国和整个西欧，地中海是其文化的摇篮，而它的起点在古埃及。因此，古代埃及是西方文明的发祥地。

（1）建筑形态。尼罗河谷地日照强，干旱炎热。古埃及人善于运用树木和水体来营造阴凉湿润的环境，其陵墓建筑和宗教建筑最为闻名。

①陵墓建筑：吉萨金字塔群是陵墓建筑的典型代表，反映出当时的数学、几何等科学的进步和建构技术的发达。其中，国王法老的金字塔陵墓最为著名。其尺度宏大，宏伟庄严，建筑语言恢宏，其中最大的一座高146米。金字塔的石构技术显示出坚固、耐久的特点，随着时间的推移逐渐成为西方建筑材质语言的基本词汇。（图2-9）

②宗教建筑：卡纳克阿蒙神庙是庙宇建筑群的代表，反映出当时多神崇拜的早期宗教形态，法老代表着人与神相交的最高祭司，成为埃及的最高统治者。建筑内神秘、幽暗，讲究空间形态上的轴向分布，表现出心理上的压制和对未知世界的恐惧。（图2-10、图2-11）

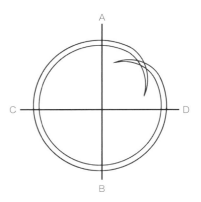

AB—实质向度，包括"自然力""结构力"因子
CD—虚设向度，包括"社会力""心理力"因子

图2-8 制约建筑形态的"绳圈"合力图形

图2-9 吉萨大金字塔手绘图

图2-10 阿布辛贝神庙入口手绘图

图2-11 卢克索阿蒙神殿柱头手绘图

（2）园林形态。古埃及园林附属于神庙建筑，是初步园林化处理的圣苑，园林设计以林木为主，设有大型水池，花岗岩驳岸，种植荷花与纸莎草，并放养圣物鳄鱼。

2.古希腊

得天独厚的地理位置、地中海宜人的气候和与外界频繁的交流使古希腊人有着积极的理性认识和平等的民主作风，审美崇尚康健、有力，富有外向而善于雄辩的哲理精神，这些都是促成古希腊成为西方文明摇篮的重要因素。

（1）建筑形态。大理石神庙建筑形式成熟，特别是柱式的形式具有典型的代表意义，如多立克柱式、爱奥尼克柱式及科林斯柱式。这些典型的柱式被赋予了象征性的意义（多立克柱式比例粗壮、刚健，象征着男性；爱奥尼克柱式比例修长、柔美，象征着女性），反映着古希腊人对自然存在基本属性的关注，是古希腊环境设计的一个重要的形式表征。经典的代表作是建造在雅典卫城上的帕提农神庙（图2-12）。

（2）城市形态。古希腊城市在总体布局上并不规则，城市广场是其重要的组成部分。雅典卫城是古希腊鼎盛时期的传世之作，集建筑、城市规划的精华于一体——以神庙为主体，顺应其地形特征，把海面、城市与环抱平原的山冈联系起来的自然轴线，使周围环境呈现出一种和谐状态，堪称西方古典建筑群体组合的最高艺术典范。（图2-13、图2-14）

竞技场是城邦之间进行交往活动的重要空间场所，也是奥林匹克精神的发源地，为西方广场的发展奠定了基础。

（3）园林形态。古希腊人崇拜林木，在神庙周围利用天然或人工形成圣林与

图2-12 帕提农神庙

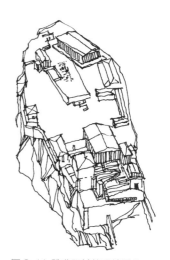

图2-13 雅典卫城的手绘图1　　　　图2-14 雅典卫城的手绘图2

神苑景观。哲学家把园林环境引入私家居所，开始发展为集绿化、雕塑、建筑于一体的艺术性园林，并在古罗马帝国时期得到长足发展。

3.古罗马

古罗马是由意大利半岛的一个小城邦扩展而成的拥有辽阔疆土的多元民族。在征战的过程中，由对自然的崇拜转向对帝王英雄的崇拜。它先后经历了城邦时代、共和时代和帝国时代。与古希腊相比，古罗马人有更强烈的世俗化倾向，快乐主义和个人主义成为其思想内核，表现为柱式与雕塑的形式倾向于烦琐化。并且，古罗马人认为自己的都城位于世界中央，对中心和秩序有着强烈的偏好，空间环境中追求正交轴线形成的中心和划分的视线。另外，古罗马人发现了将火山泥作为建筑材料的优越性，创造性地运用了火山灰制成天然混凝土，大力推进了拱券技术，建造起大规模的宫殿与城市，成就了古罗马帝国的宏伟景观。

（1）建筑形态。万神庙是单体建筑的代表，突出宏大的尺度，建筑内部的构造系统井然有序，与外部环境的随意性形成对比。古罗马角斗场反映出古罗马人好斗、喜好群众性活动的个性，其环境模式创造具有强烈的中心感和领域性的建筑特征。（图2-15）

（2）城市形态。古罗马城市风格表现出明显的世俗化、军事化、君权化特征，出现了大量宣扬现世享受的建筑，如公共浴池、角斗场、宫殿、剧场等；为应对战争和防御，道路交通发达，城墙坚固，桥梁、输水等设施先进；城市街道布局整齐，在主干道的起点和交叉点常有纪念性的凯旋门，重要地段还有整齐的列柱，其宏伟壮观彰显着一种英雄主义气概。帝国广场群是罗马城市广场的重要代表，由柱廊围合，轴线感、对称感强烈，序列感、层次感丰富，是为帝王个人树碑立传的场所，也是城市公共集会的场所，投射出王权至上的思想和绝对的等级制度（图2-16）。对城市开敞空间的创造和秩序感的建立是古罗马城市规划的最大成就。

（3）园林形态。园林是那些追求田园情调的人向往的场所。在阿德良离宫建筑群中，建筑与室外空间变化丰富，厚重的石墙、拱券塑造出多种丰富的空间组合，出现宫殿、柱廊、浴场、剧场等功能空间，雕像、水池、树木精致地点缀着环境。（图2-17）

4. 拜占庭与中世纪的西欧

公元313年，基督教成为罗马帝国的国教，在以后的整合与分裂中逐渐形成以西欧的天主教和东欧的东正教为主的两大分支。公元4世纪末，罗马帝国分裂为以罗马为中心的西罗马帝国和以拜占庭为中心的东罗马帝国。公元476年，西罗马帝国灭亡，东罗马帝国一直延续到1453年，史称拜占庭帝国。历史上将这一时期称为"中世纪时期"。

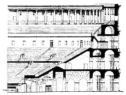

图2-15 古罗马建筑

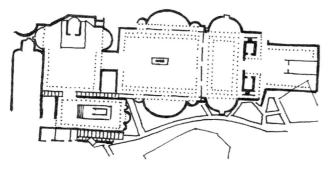

图2-16 帝国广场群平面布局图

图2-17 阿德良离宫手绘图

在这个时期，以穹顶为显著特征的拱券结构得以发展，通过帆拱把巨大的穹隆改在方形的平面上，造成下方上圆的空间形态。

（1）建筑形态。由于宗教的盛行，处于战乱中的中世纪教堂建筑特别恢宏。圣索菲亚大教堂是拜占庭帝国极盛时期的代表性建筑，整个建筑群的尺度远远超过了罗马时期的建筑尺度，浑圆的顶部轮廓线构成了城市典型的天际线（图2-18）。与拜占庭簇拥型的建筑群不同的是，西欧中世纪典型的教堂建筑呈现出尖塔高耸、气势凌人的哥特式风格，如法国的巴黎圣母院和德国的科隆大教堂（图2-19）。同时，以哥特式建筑的基本形态为元素的建筑组群也构成了独特的环境特色，如法国的圣米歇尔城堡。

（2）城市形态。城市设计以广场为重点，主要以意大利的锡耶纳地区为代表。教堂常常占据城市最中心位置，再凭借其庞大的体量和超然的高度控制着城市的整体布局。（图2-20）

（3）园林形态。庭院扩展到城堡周围，图案几何化，有迷宫式的绿篱，最具代表性的是法国蒙塔尔吉斯城堡。园林没有古希腊、古罗马时期的庭院发达，只是在宗教和世俗生活中占有一定的地位，果木园、花卉园等有显著特征的园林也相继出现。

5.意大利文艺复兴

随着1453年东罗马帝国的灭亡，大量学者以及艺术成就流向意大利，促进了人文精神的传播。中世纪后期，意大利成为当时的商路贸易中心，产生了许多富庶的工商城市，资本主义生产关系开始萌芽，代表新兴阶级意识的"人文主义"精神得到发展。

德国的宗教改革运动，打破了天主教在西欧长期的思想禁锢。除了古典建筑、雕塑和绘画的一般性特征得到弘扬外，艺术家们更深入地讨论数学、音乐与人体比例的关系，在单体建筑、城市广场、理想城市的设计中，产生了几何整体明确、集中感强的形体与空间环境构图，反映着理性的人类场所精神，在欧洲产生了广泛的影响。

（1）建筑形态。意大利北部的佛罗伦萨大教堂，成功地综合了古罗马和哥特建筑的工程技术与古典美

图2-18 圣索菲亚大教堂

法国巴黎圣母院正面、背面

德国科隆大教堂

图2-19 上图：法国巴黎圣母院正面、背面；下图：德国科隆大教堂

图2-20 意大利锡耶纳广场

学原则，体量宏大、色彩鲜艳，成为城市的中心。（图2-21）

文艺复兴时期最重要的代表性建筑是罗马圣彼得堡大教堂，集中式的平面方圆结合，主要内部空间为"十"字形，穹顶跨度42米，高高矗立于广场尽端。（图2-22）

（2）城市形态。城市广场严整，突出中央轴线，广场周围的建筑底层常有开敞的柱廊，如米开朗琪罗的卡比多广场。素有"欧洲最美丽的客厅"的圣马可广场也是文艺复兴时期的一大杰作（图2-23）。

同时，资产阶级要求城市建设能显示出他们的富有，府邸、市政机关、行会大厦等豪华、气派的新建筑开始逐步占据城市的中心位置。具有很高艺术修养的规划师、建筑师、哲学家、艺术家、文学家们共同推动着城市规划艺术的发展。

（3）园林形态。表现出"以人为中心"的世界观和突出理性规则的艺术观同建筑美一致的景观造型特征。园林呈正中轴布局，植物修剪整齐，几何图案的渠池以及直线、弧线的台阶，园路、矮墙在主轴上串联或对称呼应，讲求精致的人为艺术构图。（图2-24）

6. 十七八世纪的欧洲

在绝对君权时期，古典主义引领了总体潮流，体现出唯一、秩序、有组织、永恒的王权至上的思想。在欧洲接受文艺复兴以后，基本恢复了古典的建筑与环境特色。到十七八世纪，出现了一些形态上的变异，其中最具影响力的是产生于意大利的巴洛克艺术与产生于法国的古典主义艺术。

巴洛克艺术不再满足文艺复兴思想的理性思维和形式的重复，而是尝试在创作中运用想象力和冲动灵感，形成了繁复夸张但又不失庄严肃穆的艺术风格。当倡导个性与感官体验的巴洛克艺术在意大利风行的时候，法国古典主义却走上了另一条发展道路——17世纪后半叶，路易十四统治下的法国成为古罗马帝国以后欧洲最强大的君主政权国，王权至上的观念得到了进一步发展。形成了更重视人的理性思维、系统观念和严密形式法则的法国古典主义。

图 2-21 佛罗伦萨大教堂

图 2-22 罗马圣彼得堡大教堂

图 2-23 圣马可广场

（1）建筑形态。巴洛克艺术在建筑中表现为以波浪形、椭圆的衔接等动态的手法来改变矩形、方形、圆形的静态呆板的感受；纷杂的圆雕、浮雕和到处飘逸的卷草纹样掩盖着柱、墙等建筑结构；壁画、天顶画色彩斑斓，视觉感受浮华艳丽，多见于教堂建筑。（图2-25）

图 2-24　意大利的兰特庄园

图 2-25　巴洛克风格的室内设计

理性的法国古典主义的建筑代表是卢浮宫。其立面改造组织严密、构图严谨、威严庄重，以至于欧洲 19 世纪的建筑设计仍受到古典主义的影响，如匈牙利布达佩斯火车站。

（2）城市形态。受巴洛克艺术的影响，广场、街道和雕塑设计有了更紧密的联系，构成充满幻想力、欢快的环境气氛，强调城市景观的景深效果，如罗马的纳沃纳广场，伯尼尼设计的圣彼得堡大教堂广场也是这一时期的重要代表。罗马城改建体现了巴洛克艺术对城市环境设计重大影响。（图 2-26）

法国绝对君主制使设计师发现了古典主义的规整、平直的道路系统和圆形交叉点的美学潜力，城市规划理念追求壮观严整，强调轴线和主从关系，追求对称协调，突出反映人工的规整美。这一时期的凡尔赛宫是法国古典城市设计的巅峰之作，反映出理性主义的规划设计思想（图 2-27），并广泛地影响着法国和欧洲其他城市，如丹麦的哥本哈根。

（3）园林形态。受巴洛克艺术的影响，这一时期的园林表现出奇巧、梦幻的环境特征。花坛、水渠、喷泉等采用多变的曲线。树木形态修剪夸张，雕琢感强。岩石、洞穴也成为重要的景观要素，如埃斯特别墅、阿尔多布兰迪尼别墅。

同一时期，在英国，资产阶级革命反对君权至上的启蒙思想动摇了古典主义思想，以人为主体的审美感官体验迫使传统园林景观转型，大量的牧场和猎场被"戴上了新面具"，自然景观风貌也能参与其中。这些条件和因素促使了西方世界形成了独特的自然园林式园林形态：花园不再属于建筑的人为艺术，人的各种行为开始参与到自然环境中，欧洲的园林设计从此摆脱了几何式的基本框架。这一时期的代表作是英国的斯托海德园（图 2-28）和德国的卡塞尔的威廉高地公园。值得一提的是，这一时期中国的园林设计也对英国产生了重要影响。

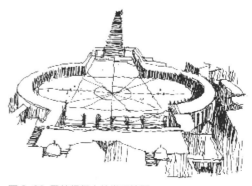

图 2-26　圣彼得堡大教堂手绘图

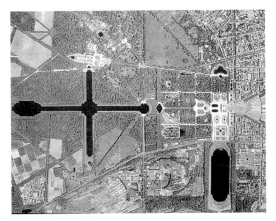

图 2-27 凡尔赛宫平面规划

图 2-28 英国的斯托海德园

图 2-29 宫廷建筑的代表——北京故宫太和殿

图 2-30 中国传统园林的代表——拙政园

二、中国环境设计的特征及影响

1. 中国传统的环境设计

深化中国环境设计史的理论研究，是我们从事环境设计的一个重要内容。如果说我们学习西方的环境设计史是对中国环境设计人文思想的更替和环境艺术语言的丰富的话，那么学习中国环境设计史则是对其所涉及的建筑、园林、城市设计中所体现的哲理思想、民族性格的关注。

中国环境设计博大精深。从建筑的整体体系、群组布局、单体构成到部件组合、细部装饰；从建筑所反映的哲学思想、伦理观念、文化心态、美学精神、审美意趣、建筑观念、设计思想到园林意境、城市规划的设计手法、设计规律、构成机制。我们可以从传统建筑、园林和城市规划中看到，优秀的传统文化所产生的强烈身份认同感，在深度挖掘历史文化底蕴的同时，开阔了人们的眼界；从建筑形态的单一更替可以知晓、分辨文化的糟粕，从而看清人类的历史坐标及其与世界的关系。因此，学习中国的历史对我们来说是非常重要的。无论是当代大学生、设计师，还是专业老师都应主动、自觉地参与到学习中去，并作深入的研究。（图 2-29、图 2-30）

现代设计和民族文化要求我们更深入地理解、发现传统设计的精髓，以摆脱我们眼界的狭隘和思想的贫瘠。超越来自理解，扬弃源于继承，通过对建筑形态、城市形态、园林形态的梳理，以期学生能对我国环境设计的发展有一个整体的了解。

（1）建筑形态。中国传统建筑史发展的最大特征就是木结构体系的不断发展和完善。世界上没有一个民族能在某个单一材料上表现得如此精益求精，究其缘由，学术界也各执己见、莫衷一是。

出于对不同自然条件，如气候和环境等的适应，从一开始"中国的建筑形态慢慢分化为穴居和干栏式两种方式，它们分别代表着黄河流域的'土'文化的特征和长江流域的'水'文化的特征"（图 2-31）。随着经济、政治、文化的发展，木结构逐渐成为中国官式建筑的主流。

木结构经由春秋战国时期的意象定型到秦汉斗拱和台基的发展，在魏晋时期基本形成了最具特色的中国古典屋顶式——由原有的二维斜面变为下凹曲面，屋角微微翘起（图

2-32）。后经隋唐两宋时期的不断发展，中国木结构建筑在明清时期达到顶峰，如五台山的佛光寺大殿（图2-33）。

中国传统建筑风格具有灵活多变而又不失整体、统一的民族性格。它时而端庄、时而雄健、时而华丽、时而素雅，在形制上完整、统一，在装饰上富有细节的审美情趣和色彩上的浪漫大胆，集中体现出中华民族五千年文明的精髓。

第二个显著特征是，中国建筑布局的形态与西方古典砖石结构的大体量集中型建筑截然不同，属于多栋离散型布局。汉代以"人形一仗"作为衡量居室的标准来构成多开间建筑，并使用十进制法，组成大型建筑、宅院或更大规模的建筑群（这种从居室的尺度推演到外部空间的模数方法与当代空间设计理论不谋而合）。庭院空间起到了连接建筑主体作用，使同一庭院内的各单体建筑在交通和使用功能上联结成一体。历来以建筑群体组合见长的中国传统建筑在明代达到了顶峰。成熟的空间处理手法，使各类建筑得到充分的展现，如天坛的祭神氛围的营造（图2-34）、紫禁城纵横交替的平面布局、明陵的依山就势、孔庙的院落组合等都体现了中国古典建筑在布局上的艺术成就，是中国古代建筑文化的瑰宝。

图 2-31 穴居和干栏式——中国传统建筑的雏形

图 2-32 屋顶的变化手绘图

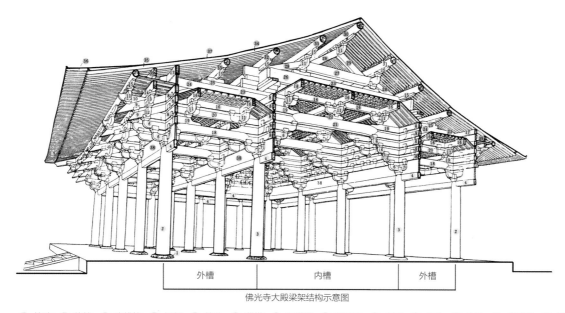

佛光寺大殿梁架结构示意图

1-柱础；2-檐柱；3-内槽柱；4-阑额；5-栌斗；6-华拱；7-泥道拱；8-柱头方；9-下昂；10-耍头；11-令拱；12-瓜子拱；13-慢拱；14-罗汉方；15-替木；16-平棋方；17-压槽方；18-明乳栿；19-半驼峰；20-素方；21-四椽明栿；22-驼峰；23-平暗；24-草乳栿；25-缴背；26-四椽草栿；27-平梁；28-托脚；29-叉手；30-脊扶；31-上平扶；32-上平扶；33-上平扶；34-椽；35-檐椽；36-飞子（复原）；37-望板；38-拱眼壁；39-牛脊方

图 2-33 五台山佛光寺大殿的结构

木构架建筑从诞生的那一刻开始，就一直以离散型布局形态呈现。在官式建筑和民间建筑中，庭院式布局一直处于主流地位，是中国建筑组群构成的基本方式。特别是我国丰富的民居建筑体系，反映出我国古代劳动人民在与自然共生的过程中的建筑布局经验。（图2-35）

这种离散结构强调组群对环境的适应性以及人体尺度的合理性，具有很强的"实用主义"特点，它根植于人们的生活中，反映出中国传统的"入世"精神。并且，离散中又有一个强大的以儒家"礼"教为核心的思想来制衡。在建筑的形制上讲究延续性、制度化，从而形成一脉相承的文化传统。

在学习中总结中国传统建筑文化内涵，同时清楚地看到这种离散型布局非常适用于宗法制度下的家族聚居，反映出中国儒家文化既有对建筑形态成熟并牢固的正面影响，也有阻碍建筑形态多样发展的负面干预。维护"君、臣、父、子"为中心内容的等级制，为维系"家国同构"的宗法伦理社会结构承担着礼治、礼教的主要职能。建筑还具有一种独特作用，标志着等级名分，成为维护等级制度的重要手段。建筑等级制渗透在城市规划甚至建筑细部装饰的所有层面，如城市的城制等级、宗庙建筑的形制等级等。在"数""质""文""位"等方面都有具体的规定。（图2-36）

在"礼"的思想意识里，有一部分强调历史的稳定性、延传性，延承先王建立的等级制度，一系列与之相适应的文化传统逐步形成。孔子把这种建筑思想概括为"述而不作、信而好古"——对待旧有的文化典章、礼仪制度，应该阐述它、尊重它，而不要自行创造、自我创造。中国古代建筑的发展历程，被深深地烙上了这种"述而不作"的印记，极大地阻碍了建筑的创新意识，建筑的改革背着沉重的"旧制"包袱缓慢演进。例如"斗拱现象"集中反映出"述而不作"的礼教观念对建筑技术创新的严重制约。（图2-37）

第三个特征是，中国建筑文化反映出的民族文化的开放性特征——民族大融合促进了建筑艺术的繁荣。文化领域的活跃带来思想的自由，思想的自由解放反过来又促进了艺术领域的开拓，宗教的传入带来建筑的新形态。如果单从木架构的结构原则来看，确实是"千篇一律"的文脉延续，但是其在与外来文化的融合中，又产生异域建筑文化所引起的文脉变异。中国建筑史学研究表明，自西汉张骞开通西域打开了中外陆路交通以后，中国建筑逐渐出现了新的样式，到了东汉，随佛教文化的传入中国建筑形态发展达到了顶峰。

南北朝吸收的异域文化特征，在开放、兼收并蓄的文化形态下进一步发展。在技术、形式、功能方面都反映出环境设计的繁荣和成就。可以说，中国建筑在外来文化的影响下，发生了变异，表现出了新的风貌。（图2-38）

图2-34 天坛

图2-35 民居建筑中体现的离散型布局

图 2-36 陕西省岐山县凤雏村的西周宫殿遗址反映出家国同构传统建筑的观念

图 2-38 河南登封市嵩岳寺塔立面图，塔式建筑反映出民族融合的文化包容性。吸收了印度佛教文化中的建筑形态，发展出中国特有的建筑形态

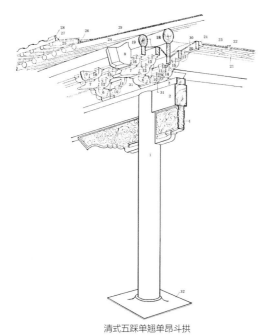

清式五踩单翘单昂斗拱

1—檐柱；2—额枋；3—平板枋；4—雀替；5—坐斗；6—翘；7—昂；8—挑尖梁头；9—蚂蚱头；10—正心瓜拱；
11—正心瓜拱；12—外拽瓜拱；13—外拽万拱；14—里拽瓜拱；15—里拽万拱；16—外拽厢拱；17—里拽厢拱；
18—正心桁；19—挑檐桁；20—井口枋；21—贴梁；22—支条；23—天花板；24—檐椽；25—柱础；
26—里口木；27—连檐；28—瓦口；29—望板；30—盖斗板；31—拱垫板；32—柱础

图 2-37 斗拱局部结构图

（2）城市形态。我国古代论城市建设的经典书籍《管子》强调了中国传统城市的理性精神：一是环境意识中蕴含的因地制宜思想；二是对规划中天人合一理想的追求；三是设计意匠中综合体现的因势利导特色。

中国的因地制宜思想促进了聚落规划理性经验的积累和城市规划思想的产生，在城市村落、住宅、宫阃、寺庙及陵墓中得到广泛运用，反映出建筑人文美与山川自然美有机结合的隽永意象，成为中国传统环境设计的显著特色。

中国古代的城市规划中常见的手法包括：在选址上，选择河流两岸或交会处地势较高的区域居住；在建筑群体布局上，按天体星象的位置一一对应营建，体现着鲜明的礼制秩序和理性精神。

"礼制"思想对城市环境营造的约束表现在，在建筑类型上形成一整套庞大的礼制性建筑体系，并且摆在建筑活动的首位，体现了中国传统城市规划的主要特征。《考工记》中记载西周洛邑王城的建设左右对称、前后有序、宫城居中、划分整齐，不仅满足行为上的需求，也反映了刻意去符合儒家思想的礼制精神需求。《考工记》中对建筑的尺度数量都有明确的规定，把实际生活的需求、礼仪活动的需求、形式上的美感和巫术上的效用等巧妙地整合在一起。

规划中追求"天人合一"的最终理想，不断地改造过程反映了我们祖辈惊人的智慧以及对环境的利用和先进的生态观念，主要成就集中体现在长安（今西安）的城市环境中。近九公里的宏大轴线贯穿整个城市，是世界城市史上最长的一条城市中轴线，各个里坊对称布置，各种功能布局全面、系统，城市结构呈现清晰整体的面貌（图 2-39）。明清时期在城市景观方面，前期的水利建设也提供了城市景观用水，能调节城市小气候（图 2-40、图 2-41）。道路系统有街道绿化，行道树排列整齐，楼阁高贵豪华、开敞整齐，成为历史上有真正意义的城市山林。

因势利导的规划特色体现在，中国自汉武帝起皇家园林就把园林用水与城市规划相结合，通过园林理水来改善城市用水。北京的圆明园、颐和园等著名的古典园林采用化整为零、集零成整的规划方法，使庞大的景观尺度成为园林的有机整体。另外，利用天然的地貌与水资源，力求园林环境与自然风貌融为一体，如承德避暑山庄的行宫环境设计。

图 2-39 秦始皇陵的环境设计

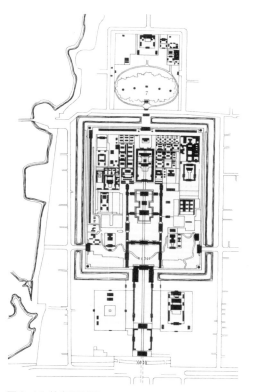

图 2-40 故宫平面图

引人关注的还有中国古代城镇形态，更多地表现出适应环境、与自然和谐共处的观念，讲究"藏风聚气"的空间构成和对环境生态美的追求。在山区，村镇建筑沿等高线自由布置；在背山面水的地形中，直通水源的垂直等高线成为村镇的脊线；从地形角度表现为封闭型向心布局；宗族聚居的村镇以宗祠为中心布局；商业发达的村镇则以水旱码头、集市位置、通衢大道形成规划布局。这些布局都反映了中国传统思想以及古人对自然与人居环境关系的认识，具有丰富的人文价值，对现代的城市规划理念有积极的借鉴意义，其代表有安徽的宏村、浙江嘉兴的西塘等。（图 2-42 至图 2-44）

（3）园林形态。先民对自然生态美的认识成为古典园林的精神起源，"天人合一"的思想直接影响了中国古典园林的形成。与西方理性的哲学主导下崇尚"理性的自然"和"有序的自然"不同，顺应自然朴素的生态意识成就了中国园林的自然特征，并一直主宰着园林的发展，是园林设计的主要形态。

园林起源于种植果木菜蔬的"园""圃"，代表普通人生活的园林环境。有意识的、园林化的环境是王室专门集中豢养禽兽、狩猎的场所——"囿"。公元前 11 世纪，周文王建成著名的灵囿、灵台、灵沼，这种"一池三山"的格局，形成了中国园林的传统，初步显示了中国园林的山水整合模式。

明代造园家计成在他的园林学专著《园冶》中提出"虽由人作，宛自天开"的思想，这是对中国园林基本特点的总结。"诗情画意"是中国园林设计的主导思想。造园家总是力图在有限的空间中创造出深远的意境，因而采用各种手段形成对比和层次，达到"步移景异"的效果。（图 2-45）

中国传统园林注重对自然环境的体验，这是受中国传统的士大夫隐士思想的影响形成的。文人园林把人工建筑与自然山水相结合，如东汉隐士仲长统的园圃思想就体现出崇尚清纯、恬淡的独立人格的精神。值得一提的是，与儒家的礼制思想形成对照的是道家"天人合一"的自然观，其把自然审美提到了"畅神"高度，超越了儒家"比德思想"的精神功利性，发现了自然的审美价值，真正进入自然审美意识的高级阶段，这一点比西方早了 1500 年。对山水意蕴的敏感，中国人可以说是遥遥领先的。这种超前的自然审美意识，深刻地影响了中国文人、士大夫对山水美的醉心和向往，有力地促进了中国山水诗、山水画、山水散文和游记、园记的发展，也有力地促进了山水花木等自然美环境在中国园林、别墅中的应用。

图 2-41　天坛立面平视图

图 2-42　安徽宏村

图 2-43　浙江嘉兴西塘

图 2-44　民居中"藏风聚气"的空间构成

公共园林的代表则是南宋时期形成的特大型天然山水园林——杭州西湖及著名的西湖十景。（图 2-46）

明清时期的园林成就集几千年思想、美学和技术上的大成于一体，在群组规划、庭院布局、空间经营、景观组织、形态塑造以及小品的调度等方面都有生动的表现。在一系列建筑序列中，根据景区特点，恰当地采用厅、堂、轩、馆、楼、阁、亭、榭等园林建筑，结合山水特点合理地设置主景点和主观赏点，根据地段特点巧妙地安排曲廊、回廊、空廊，良好地穿插尺度不一、形态各异的大小天井，以此获得空间的大小、明暗、虚实、开合的对比变化，形成景色多样、层次丰富、逐步展开、步移景异的建筑特色，突出多层次的复合空间，使中国古典园林达到空前的艺术成就，如苏州拙政园、狮子林是其中的瑰宝。（图 2-47、图 2-48）

图 2-45　从上至下、从左至右依次为：苏州拙政园的空间层次、苏州拙政园的漏窗、北京北海园林的细节

图 2-46 杭州西湖

图 2-47 传统园林的因材致用

图 2-48 苏州狮子林

图 2-49 严岛神社

2.朝鲜和日本的环境设计

盛唐时期，日本、朝鲜在大量吸收中国文化的同时，结合本民族的文化及地域特色，创造出了自己的环境设计特色。日本流行自然崇拜和天皇崇拜，用神社来供奉。朝鲜受中国木结构技术的影响深刻，斗拱形态变化尤为丰富。

（1）建筑形态。朝鲜的民间房屋采用木结构，形式多变、风格古朴，使用了木、瓦、石等天然材料。繁盛时期的大型宫殿与宗教建筑，带有中国晚唐时期特征的木建筑斗拱支撑出深远的屋顶。朝鲜在很长一段时期内都严格遵守儒家的礼教制度，宫殿、寺庙和城堡都延续着雄浑有力的风格，如建于 1394 年的景福宫。1592 年日本入侵后，朝鲜的传统风格发生了变化，开始用荷花、牡丹和藤蔓纹样来装饰室内环境，一度崇尚奢华的风格。

神社是日本特有的宗教建筑形态，常建于松柏林立的自然环境之中，在通往圣地的道路上，名为"鸟居"的牌楼作为接待来者的空间节点，地面鹅卵石松散，建筑质感粗糙，古朴野趣。创建于公元 12 世纪的严岛神社最具代表性。（图2-49）

（2）园林形态。雁鸭池是古代朝鲜著名的皇家园林，一池三山体现着中国的儒家思想（图 2-50）。和中国的造园理念相似，日本和朝鲜两国的建筑园林都主张建筑与环境的相互融合，并且特别强调室内外环境的流动与渗透，萧索淡雅、构筑灵巧的建筑和绿意盎然的自然环境相得益彰。受禅宗思想的影响，日本的枯山水庭院更偏重于园林的观赏性，在观赏中传递出大自然的静谧与和谐（图 2-51）。

三、美洲的环境设计

1.墨西哥的玛雅文明

公元 100 年到 900 年是中美洲的古典主义时期，以玛雅文明为代表。玛雅人、阿兹台克人的文化建立在自然崇拜的基础上，重视时间和纪念意义。太阳、月亮、方位、季节、雨水等自然和天象景观对其有重要的意义，天文学和历法发展势头强劲。

（1）建筑形态。玛雅古城科潘仪典性神庙与广场组合，环境优美（图 2-52）。神庙以巨大的台基构成台阶形金字塔神庙而闻名。塔庙的设计都按照一定的空间安排，有祭坛和记录时间历程的石柱。塔身和庙宇布满怪兽般的神灵面孔

雕饰。建筑只考虑外部的感染力，强调与神对话的宗教意义。（图2-53、图2-54）

（2）城市形态。城市主体以宗教建筑为主，城市中心环境显示出优美的仪典性神庙与广场的组合。

2.秘鲁的印加文明

从公元前 4000 年秘鲁文明开始至 1532 年西班牙入侵结束。

秘鲁境内多山，低地景观与山地景观对比鲜明，灌溉系统良好，日照多，缺雨水。低地人充分考虑聚落与自然环境的关系，构筑的目的更多地出于从事农业与生存的需要。

生活于山间的人们崇拜高山，观察到了它所象征的超然力量。

印加特有的石制品，每块石头都经过了加工处理（阴刻或阳刻），以求与边上的石块完美结合。低地的印加城市都是用泥砖构筑起来的，并用方形来组合各种单元。没有用纪念性的广场和通道去规划城市，而土地与地形却运用得非常微妙。（图2-55）

山地地形影响了建筑的形制，山上的堡垒和层层平台沿着山坡展开，石材的开采技术、运输与安装工艺已将土木工程转换为一种永恒的造型艺术。

四、古代两河流域与印度的环境设计

1.古代两河流域（底格里斯河和幼发拉底河）

两河流域土壤肥沃，地形宽阔，气候炎热并多雨。美索不达米亚民族交流频繁，商业发达，出现了古巴比伦、亚述等强国。其文明在历史上被多次中断，由于种族多，环境形态方面呈现出错综复杂的景象。不同文化相互更替交织，环境景观形成多血缘特征。（图2-56、图2-57）

图 2-50 朝鲜的雁鸭池

图 2-51 日本的枯山水

图 2-52 墨西哥仪典性神庙

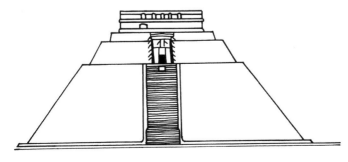

图 2-53 墨西哥尤卡坦半岛乌斯马尔魔法金字塔手绘图

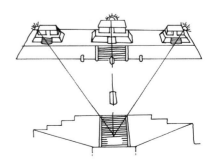

图 2-54 墨西哥尤卡坦半岛乌斯马尔魔法金字塔手绘图

图 2-55 印加帝国蒂亚瓦纳科太阳门遗址手绘图

图 2-56 特洛伊城手绘图

图 2-57 在卢浮宫里的萨尔贡二世国王宫殿的墙裙

（1）建筑形态。山岳台建筑，多层夯土高台，形体显著的坡道和阶梯通达台顶与庙宇，防雨的维护技术使建筑立面呈现排列有序的装饰图案。亚述帝国的王宫位于由院落组织起来的平顶建筑之上，成为环境的至高，外部形象鲜明。（图 2-58）

（2）园林形态。园林发达，大致分为猎苑、圣苑、宫苑三类。猎苑渗入天然环境中，引水形成水池，栽植树木，同时也堆土成丘，建筑神殿、祭坛等集合场所。古巴比伦王国的"空中花园"被誉为古代世界七大奇迹之一（图 2-59）。

2.印度及东南亚地区

印度的环境设计受宗教文化的影响极深，所有环境设计中的人为构筑仿佛只为宗教而存在。公元前 5 世纪末，雅利安人带来"吠陀文化"产生佛教，主导印度文明。

（1）建筑形态。受宗教文化的影响，环境设计表现出强烈的"中心"意识，最著名的是建于公元前 3 世纪的桑契大窣堵坡——佛陀和著名僧侣的陵墓，是佛教建筑中最典型的佛塔。其主体是半球形的穹顶，顶部为石柱阵，象征着原始的树崇拜。主体四周围以石栏，象征着菩提，精美地雕刻着佛教故事，人们从故事中得到启发，在穹顶主体的空间中得到升华。（图 2-60）

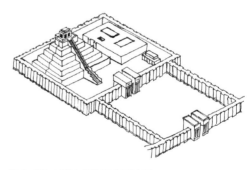

图 2-58 古巴比伦的塔庙手绘图

图 2-59 古巴比伦的"空中花园"手绘图

图 2-60 桑奇大窣堵坡的栏杆

图 2-61 印度埃洛拉石窟群

图 2-62 印度克久拉霍寺庙群

由于宗教文化的强势入侵，使世俗生活与世俗建筑都被忽视。石窟是另一种宗教建筑，如印度中部马哈拉施特拉邦的埃洛拉石窟群，石窟内外壁模仿竹、木建筑雕筑各种构件。随着佛教的传播，石窟艺术在亚洲大部分地区得以延续和发展。（图 2-61、图 2-62）

（2）城市形态。采用方形、圆形、"十"字形等具有向心性图形，佛塔反映《吠陀经》中对抽象神圣场所的概念的曼陀罗图形，是印度城市及庙宇设计的基本模式。

印度的宗教文化影响了东南亚的许多国家和地区，同时也影响了建筑和环境形态，如泰国、印度尼西亚等国家。曼谷的佛塔就是窣堵坡的变体，在佛教环境中处于至尊地位（图 2-63）；柬埔寨的代表性佛教建筑为金刚宝塔，下部的基座方正巨大，上方的堆塔瘦高轻挑。窣堵坡和金刚宝塔这两种建筑形态都是以自我为中心的实体性建构，对周围建筑形成心理和视觉的控制力。印度尼西亚的婆罗浮屠更是以宏大的阵势来引导人们产生宗教膜拜心理（图 2-64）。

五、西亚、阿拉伯地区的环境设计

7 世纪中叶后，阿拉伯扩张到中亚、北非及欧洲的比利牛斯半岛，伊斯兰教在这里得到了传播并产生了深远的影响，入侵和统治这些地区的土耳其人、蒙古人也都接受了伊斯兰教。频繁的战争使宗教成为人们精神的避难所，同时也加强了民族间的交流融合。

图 2-63 曼谷大皇宫玉佛寺手绘图

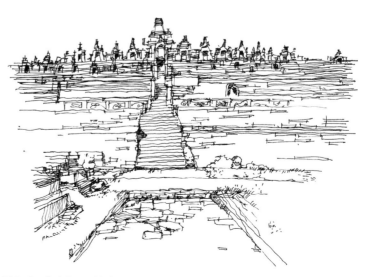
图 2-64 印度尼西亚的婆罗浮屠手绘图

1.建筑形态

土耳其的清真寺建筑在伊斯兰世界中别具一格，借用了圣索菲亚大教堂的基督教堂形制和结构。由于伊斯兰教禁止偶像崇拜，所以寺内一般没有人物或动物的雕像。清真寺整体造型方正浑圆，形体突出，门洞进深较大形成明确的阴影关系，镂空窗格给单纯的立面带来丰富的肌理变化和美感，视觉感受细腻。拱廊节奏虽然单纯，但局部的处理具有装饰性，如拱券有马蹄形、花瓣形等样式。14 世纪以后，马赛克和琉璃砖被大量运用，色彩变化微妙，整体统一并富有光泽，青绿色为主要的色彩体系。（图 2-65）

陵墓建筑直接借鉴了清真寺建筑的造型，印度境内的泰姬陵以宁静飘逸、超凡圣洁的艺术魅力而远近闻名。（图2-66）

2.园林形态

以清真寺为主的矩形庭院，中央设有水池，连拱廊一面进深较多，形成礼拜堂。外围是厚重的实墙，内外环境区分明确，但庭院与连廊、礼拜堂没有严格的分界，空间通透，便于交流。

其他的宫殿或私家庭院基本为绿化的庭院，都以《古兰经》对天国的描绘为蓝本，中央地带为"十"字形的水渠，中心是喷泉，周围是花圃。西班牙格拉纳达的阿尔罕布拉宫是伊斯兰世界最美丽的庭院之一，反映了宗教情感与冷静的哲学思想的兼容。（图2-67）

3.城市形态

矩形的房屋和院落的组织构成伊斯兰地区的城市特征，好似迷宫一样的城市空间环境让人很难辨识。然而，清真寺突出的轮廓线和体量以及在区域中形成的邻里中心，让城市空间紧张的节奏有所缓解。

另外，伊斯兰地区城市也显露出很强的防御性，如巴格达城、科尔多瓦城。

图 2-65 伊朗的伊玛目清真寺

图 2-66 印度泰姬陵

图 2-67 西班牙格拉纳达阿尔罕布拉宫的"狮子庭院"

第三节 传统时期后期

一、近代环境设计

19世纪末到20世纪初，西方世界科技与经济飞速发展，特别是在设计领域中，随着钢铁、玻璃和混凝土等新材料的产生和运用，设计师们开始探索和变革设计语言。经济的发展和文明的进步带来追求革新的社会思潮，使各艺术门类相互借鉴，汲取灵感，设计发展到了一个新的时期——现代主义主导的历史阶段。（图2-68）

1. 建筑设计领域

（1）工业化时代初期。17世纪的资产阶级革命和18世纪的工业革命带来了近代工业的大发展。城市规模急速扩大，同时也产生了许多问题，对城市建设提出了许多新的要求，而多数建筑师还不能完全摆脱传统风格的束缚，因此在19世纪工业革命对建筑的形式开始了新一轮的探索。

古典复兴、哥特复兴、折中主义是当时主要的建筑设计探索：古典复兴唤醒公民意识，如法国巴黎的万神庙、先贤祠（图2-69）；哥特复兴以其张扬的艺术个性和民族精神在英国、德国广泛流行，如英国新建的国会大厦；折中主义借古典的建筑风格和异国情调产生了丰富多彩的新形式，如巴黎的圣心大教堂。

另外，冶金业的发展促进铁技术发展，铁结构的建筑显示出新颖的构造，如巴黎的埃菲尔铁塔、伦敦的水晶宫。（图2-70）

（2）欧美新建筑运动。新建筑运动作为探求建筑设计的一种方法，主要在建筑语言、建筑手段上做了一系列尝试，为现代主义建筑的出现奠定了基础。主要有工艺美术运动、新艺术运动、维也纳学派和分离派以及德意志制造联盟。（图2-71至图2-73）

图2-69 法国巴黎先贤祠

图2-70 法国巴黎的埃菲尔铁塔

图2-71 工艺美术运动的代表—莫菲斯设计公司的家居设计

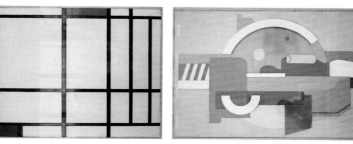

图2-68 影响环境设计发展的绘画领域——蒙德里安的平面构成作品与康定斯基的绘画作品

其中，值得一提的是德国包豪斯的成立，它倡导平民化思想、手工技能和创意思维的训练，促进了对形式美在理论上的探索，对后世的设计思想和设计教育产生了深远的影响，出现格罗皮乌斯、密斯·凡·德罗、勒·柯布西耶等重要人物。（图2-74至图2-76）

2.城市设计领域

生产力水平的提高、人口的膨胀和资产阶级革命的爆发，使城市公民具有平等的地位，人们有权利改善自己的生存环境。因此，公共卫生、环境保护和城市美化运动促进了现代城市面貌的形成。

在城市环境设计领域，最为知名的便是奥斯曼的巴黎旧城改建：突出了南北和东西两条主轴线，形成了体现环境场所的城市节点空间。东西向的星形广场、香榭丽舍大道、协和广场、丢勒里花园、卢浮宫与南北向的林荫大道联系南北两个铁路终点站。道路重视绿化，街道设施统一，沿街建筑立面以古典复兴以来的形式为主导，使巴黎成为最美丽的现代化城市，此后欧洲其他国家也开始纷纷效仿。（图2-77）

3.景观设计领域

18世纪末到19世纪初，园林形态的变化以"英国公园运动"和受其影响的美国公园设计为主导。

英国的公园运动注重把乡村的风景引入城市，改变城市中以街道和点状的广场组成单一的面貌，如伦敦的摄政公园、圣詹姆斯公园等。

受英国公园运动的影响，美国作为一个移民国家，在以棋盘式为基础的城市规划中引入了大型的城市公园，最具代表性的是由奥姆斯特德和其伙伴沃克斯共同设计的纽约中央公园。以此为起点，自然景观越来越受到设计师们的关注，出现了生态公园。奥姆斯特德率先提出以建筑结合自然风景的景观建筑学概念，在近现代建筑学发展中不断完善并占据重要地位。（图2-78）

在景观设计领域，新艺术运动的代表是西班牙建筑师高迪，其崇尚自然主义，S形曲线、动植物纹理经常出现在其作品中。（图2-79）

二、现代与后现代环境设计

20世纪初，现代建筑的经济性、模数化和规模化，适应了两次大战后急需休养生息的社会要求。现代建筑起源于欧洲，德国的德意志制造联盟、包豪斯，俄国的构成主义运动、荷兰的风格派运动是现代主义运动的重要内容。德国的格罗皮乌斯、密斯·凡·德罗，法国的勒·柯布西耶，芬兰的阿尔瓦·阿图和美国的赖特是该运动的代表人物，他们的思想持续影响着城市设计、景观设计以及建筑领域。（图2-80）

图2-72 新艺术运动的代表—巴黎地铁入口

图2-73 维也纳学派分离学派的代表，与"新艺术运动"的风格不同

图2-74 包豪斯的节奏练习（学生习作）

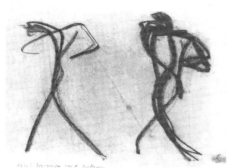

图 2-75 包豪斯的空间练习（学生习作）

图 2-76 包豪斯的墙饰练习（学生习作）

图 2-77 从左至右依次为：巴黎城市改建中的喷泉雕塑、从协和广场看远处的凯旋门严谨的城市轴线、香榭丽舍大道

图 2-78 纽约中央公园、约中央公园鸟瞰图

图 2-79 高迪的居里公园

　　20 世纪是工业化快速发展时期，在 50 年代，由于受各种社会矛盾的影响，多元化的价值观得以凸显。在设计领域，建筑运动经过反复探索，对设计本质有了更为科学的理解和认识，以科学化的理性思维著称的现代主义终于发展成熟——设计成为一种解决问题的途径，以使用功能和结构性质为依据，合理地处理生产、经济与艺术之间的关系。

图 2-80 赖特设计的流水别墅　　图 2-81 日本博多水城街景

如今，人类的文化已非原始的多元化发展，也非中世纪后期的海洋性文化交流，而是全方位地交融、演进，形成螺旋上升的往复运动。环境设计的地域性差异或区别正在缩小，当代自然科学正拉近不同地域、不同民族之间的距离，各地区文化不断融合发展，成为人类共有的财富，人类文化的发展已步入了一个新阶段。

1.符号语言的探索

图 2-82 左图：纽约的电报电话大楼；右图：波特兰大厦

符号化的环境设计是指把一定范围内人们熟悉的形象当作文化符号进行提取，通过隐喻、象征的手法，营造出具有特定意义的建筑景观环境。

古典主义建筑语言的回归，运用新材质和抽象化的手段给人带来耳目一新的感受，如日本的博多水城街景（图 2-81）。历史符号语言的介入，使建筑和环境充满文化感和人文主义气息，如纽约的电报电话大楼；表达的模糊性和内向性特征丰富了符号语言，如波特兰大厦（图 2-82）。此外，摩尔设计的新奥尔良市意大利广场（图 2-83）、矶崎新设计的日本筑波城市政中心（图 2-84）和迪士尼总部（图 2-85）都体现了设计学对语言符号领域的有益借鉴。

图 2-83 新奥尔良市意大利广场

图2-84 上图：筑波市政中心建筑及环境；下图：筑波市政中心建筑轴测图

图2-85 迪士尼总部

图2-86 唐纳花园的肾形游泳池成为丘奇的象征

园林景观则以丘奇模仿自然的朴素庭院设计（图2-86）和布雷·马克斯以拉丁美洲的传统特点与表现主义手法塑造的曲线生物形态的现代园林为代表。

2. 多元的碰撞

艺术与技术、社会与个人、历史与现实、人类与自然、文化的共性与差异这些多元化思想的碰撞，让建筑和环境设计师们也以自己的方式发声，下面列举三个案例进行说明：

一部分设计师用材质的特性来塑造雕塑般的建筑形体，如门德尔松的爱因斯坦天文台、勒·柯布西耶的朗香教堂（图2-87）、约恩·乌松的悉尼歌剧院（图

图2-87 勒·柯布西耶的朗香教堂

2-88）等都倾向于采用波浪曲面的形体来表达自然肌理的美感。以赖特为代表的建筑师提出有机建筑的概念，主张结合自然地形，运用木材、砖石等传统材料和空间形体的变化表达建筑与自然结合的理念，流水别墅是主要的代表作品。

图 2-88 悉尼歌剧院

图 2-89 杜伊斯堡景观公园

图 2-90 阿拉伯世界文化中心建筑及可调节视窗局部

图 2-91 巴黎的奥塞博物馆改造

生态和环保的呼声带来设计领域的新探索，在西方国家大规模的国土规划和区域规划背景下，大力倡导生态文明设计，如德国卡塞尔市的奥尔公园、北杜伊斯堡景观公园等（图2-89）。在建筑设计领域，苏格兰阿伯丁郡史前中心利用厚重的土层营造建筑室内小气候、马来西亚雪兰莪州格斯里高尔夫俱乐部运用新技术减少建筑能耗、法国巴黎阿拉伯世界文化中心运用可调节视窗来调控整个建筑的能耗等（图2-90），都是生态主义思想带来的成果。随着人们环境生态意识的提高和建筑技术的发展，生态化的设计思想成为可持续发展的主导思想。

同时，人们也认识到历史文化遗产是不可复制的人类文化资源。在保护和利用历史文化遗产方面，代表性的项目有：继续使用原有建筑的巴黎奥塞博物馆改造（图2-91），对历史建构重新利用的横滨的石造船坞，历史保护地段的澳大利亚悉尼岩石区旧城保护和罗马市中心的废墟群等。

3.用技术说话

框架技术的广泛应用使建筑物形象非常统一，内部空间布局自由，并为材质提供多种可能性。密斯·凡·德罗设计的巴塞罗那国际博览会的德国馆解放了墙体，用钢和玻璃突出在空间形体中的表现力；勒·柯布西耶则用混凝土塑造鲜明的几何体和粗犷的形象，如马塞公寓；丹·凯利的达拉斯联合银行也使用网点布局的几何化平面构图来划分景观空间。

技术的发展为建筑形式带来了更多的可能。法国巴黎的蓬皮杜艺术中心是高技术建筑的代表作。巨型的机械化的建筑形态和直接暴露出管道的建筑结构，表达出作者对技术手段的张扬（图2-92）。使用通体玻璃和铝制幕墙的光洁表面来展现技术美也是高技术风格的一种表现，如巴黎的拉德芳斯新区（图2-93）。

图 2-92 巴黎的蓬皮杜艺术中心

图 2-93 巴黎拉德芳斯新区的新技术运用

城市设计中，提倡用大型、预制标准化的构件来装配巨型结构，如英国提出的插入式城市、美国的空间城市等。高技术风格不仅满足于形式上对机器美的追求，也运用金属、塑料、玻璃、橡胶等材料，将其与灌溉喷洒、风景照明、植物栽培等技术相结合，从而为更广阔的城市领域服务。

4.哲学

设计领域的推陈出新还涉及哲学、逻辑学等领域，如针对后现代的解构主义哲学思想就被运用到了环境设计之中，以一种不统一、混乱的设计对象来颠覆结构主义的稳定、均衡、有序的特点，代表人物有建筑设计领域的盖里、景观设计领域的屈米等（图2-94、图2-95）。

图 2-94 左图：灵动的建筑形态和金属材料饰面是盖里作品的特征；右图：盖里设计的西班牙毕尔巴鄂市古根海姆博物馆

图2-95a

图2-95b

图 2-95c

图 2-95a 至图 2-95c 屈米的拉·维莱
特公园景观设计

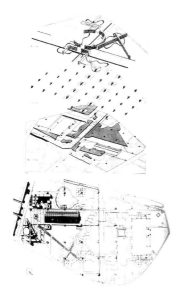

图 2-95d

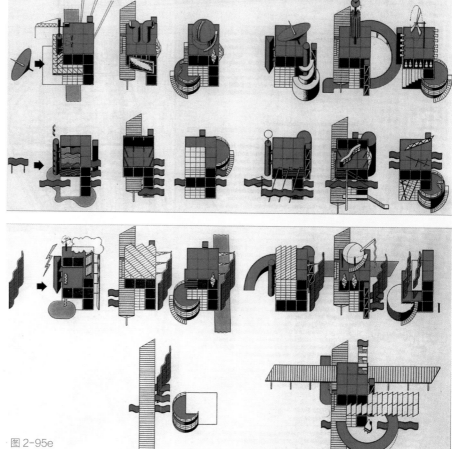

图 2-95e

图 2-95d、图 2-95e　拉·维莱特公园分层规划理念和节点表现

本章小结:

1.主要概念与观念

本章学习的主要目的是，让学生明白任何历史阶段的环境设计形式都是在各种社会、历史、思想发展等内外因素相互影响下产生的结果。通过对相关历史发展脉络的梳理，使学生明确未来的发展方向。本章着重在对"论"的描述，同时穿插了少量"史"的内容，使学生在粗略地掌握环境设计发展的基础上，养成理性分析问题的习惯。

2.基本思考

（1）文化圈的形成对环境设计带来了怎样的影响，或者说在不同的文化背景下，各地区环境设计风格有何不同？

（2）欧洲环境设计发展给我们带来什么样的启示？中国环境设计发展与欧洲最大的区别是什么？怎样看待中华民族的环境设计遗产？

（3）促进现代环境设计发展的社会因素是什么？它反映出何种环境设计内涵？

（4）当今环境设计在新的时代背景下角色有何转变？设计师做了哪些尝试和努力？

3.综合训练

（1）观看一部历史题材的电影，分析其所反映的社会背景、思想意识等，点明环境设计的特点，并在课堂上进行讨论或写一篇小论文。

（2）以所在城市中典型的环境设计代表作品为研究对象，如建筑、广场等，描述它的时代价值。

（3）以中国环境设计中的某一个知识点为研究课题，如斗拱的形态、柱础的形态等。通过对相关设计作品的了解体会其整体发展脉络，加深对相关知识的理解，并形成专题性的论文。

4.知识拓展

（1）概念延展：中国古典园林史、西方现代景观设计的理论与实践。

（2）实践延展：了解历届（自 1979 年始）普利兹克奖获得者，并分析其发展脉络，未来发展趋势。

3

环境设计的理论与设计原则

3　环境设计的理论与设计原则

第一节　环境设计的理论基础

　　由于环境设计具有多学科交叉属性，以及广延性与系统性的基本特征，因此我们有必要对构成其主要学科的基础理论知识进行了解。在教学中，虽然我们不要求学生深入掌握这些学科的基础理论知识，但是其工作原理与价值观念对我们理解环境设计的内涵有着非常重要的作用。因为环境设计的知识内核的形成与这些学科有着密不可分的关系，它们构成了环境设计学科的理论基础。

一、人体工程学

　　人体工程学是研究以人为尺度的科学，它涉及人类生活的方方面面，其宗旨就是研究人与人造产品之间的关系，通过对各种人机关系因素的分析和研究，寻找最佳的人机协调方式，从而为设计提供依据。

　　理想的设计应当在各类不同功能的场所中去充分体现人体工程学的原理。人体工程学是解决问题的一种方法，致力于设计出完善的工艺系统，其目的是确保人类与科技和谐共生（图3-1）。人体工程学是研究科技与生活环境交互作用的一门科学，涉及比较基础的自然科学、解剖学、生理学和心理学。人体工程学学者运用这些知识去实现人类潜能的挖掘和维护人类的健康与幸福两个主要目标。简言之，人体工程学必须做到"以人为本"。

　　人体工程学最根本的任务是认真详细地分析人类的活动，研究人的各种需求，以及任何外界环境变化可能给人带来的影响，关键是对使用者进行分析。例如，"消费者人体工程学"涵盖了家庭环境和休闲环境的运用范畴（图3-2）。在这种非正式工作环境中，我们要把人的可变性作为主要的考虑因素，即要全面考虑环境中的人（特别是弱势群体）的能力和局限性。

　　人体工程学运用人体计测、生理与心理计测等手段，研究人体结构功能与空间环境之间的关系，以取得最佳的环境使用效能。简言之，通过深入研究人的行为及活动能力，探究设计怎样为人服务，让人更舒适。人体工程学的基础数据来自人体构造、人体尺度和人体动作域三个方面。与人体工程学关系最密切的是运动系统中的骨骼、关节和肌肉，其在神经系统的支配下使人体完成

图 3-1　环境设施小品也体现出对人体工程学的研究

图 3-2　以人的使用方式为创新点的办公空间设计

一系列的动作。设计如果不符合人体工程学原理就可能对人造成伤害。人体尺度（包括头、颈、躯干、四肢等）是指在正常状态下测得的尺度，主要指人体的静态尺寸，如身高、坐高、臀部宽度、膝盖高度等尺寸，从而为各种家具、空间尺寸提供依据，也为舒适的物理环境、视觉环境提供科学依据。人体动作域是设计师进行室内空间规划的重要依据，是研究人体运动状态下的大致的空间尺度。（图3-3）

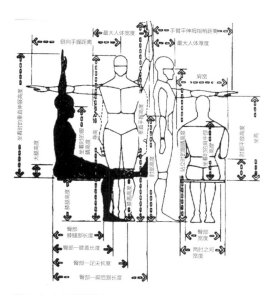

人体工程学在环境中的应用
· 确定人在环境中活动所需空间的主要依据（范围、体积、位置、方向等）。
· 确定家具等实体形态、尺度、适用范围。
· 为舒适的物理环境、视觉环境设计提供科学依据。

图 3-3 人体工学研究

二、环境行为心理学

环境行为学是研究建筑环境是如何影响人的行为、性格、感觉、情绪，以及人如何获得空间知觉、领域感等内容的学科。它研究人的行为与人造环境和自然环境、物理环境和人的行为及经验之间的关系，关注人与环境相互作用和相互关系。它更多地强调主体与环境的相互作用，即主体怎样受环境影响和对环境带来什么影响（图3-4）。这两大学科的研究主体都指向了"人"，把"人"作为物质环境的主体，包括城市、建筑和自然环境，研究其在各种状态和环境中的行为特性等，在当今环境设计的基础理论中具有很高的应用和研究价值。（图3-5）

前面我们提到，受"以人为本"设计理念的影响，设计越来越重视对人的心理感受、行为特点的研究，主要从人的感觉、知觉与认知等心理学范畴出发，结合人在环境中的知觉理论来重新认识场所的特性。其中发展出了一些新的观念，例如从个体层面来说，承认人在环境中的作用、环境与行为的相互关系，以及噪声、拥挤程度和空气质量对人身心健康的影响；从群体层面来说，个人与群体的相互关系在空间中的运用。最后，扩大到对整个城市环境的认知以及城市环境的体验、城市外部公共空间活动的研究等，从而形成了环境心理学的六种理论框架，即唤醒理论、环境负荷理论、应激与适应理论、私密性调节理论、生态心理学和行为情境理论、交换理论。这些基础理论研究的发展与成熟，对我们进行环境设计实践有很大的帮助。（图3-6）

图 3-4 大众行为心理学

图 3-5 城市环境设计是人对城市意向的抽象心理反应

毋庸置疑，环境行为心理学主要研究的是环境对人类行为的影响，如果不理解并不能灵活地运用人的环境心理需求，无法满足设计发展的要求。

三、环境生态学

前面我们谈到，环境设计要在生态可持续发展价值观的指导下找到解决问题的方法。

与环境生态学的内涵相对应，环境设计主要服务于城市。在城市这部高速发展的"机器"面前，人创造和改造环境的前提是不能脱离自然生态，因为单纯发展人造环境的必然结果是：技术水平的提高使人类开始掠夺性地开发自然资源，导致大自然的自动调节能力下降，自然灾害频发，进而给人类的生存带来严重威胁。因此，我们必须以环境生态学的视角来探讨城市发展在整个生态圈中的位置，运用环境生态学的原理和方法来认识、分析与研究城市生态系统及城市环境的问题。

我们要正视当前人类所面临的重大环境问题，正是因为环境生态问题越来越严峻，才催生了环境生态学这一学科。它是一门渗透性很强的学科，主要是研究自然环境与生物相互作用，以及人类活动对其带来怎样的影响，它关注环境因素对生物多样性和生态系统的影响。它是运用生态学的原理，阐明人类对环境的影响及解决环境问题的生态途径的科学。（图3-7）

城市环境生态学的研究内容包括城市人口、城市环境、城市气候、城市灾害与防治、城市植被、城市景观、城市环境质量评价及城市环境美学质量评价等。因而，从事环境保护、城市规划、建筑、管理、园林以及环境设计等方面工作的人员都要了解并熟悉这一基础理论。（图3-8）

四、建筑人类学

环境设计是与社会密切相关的应用学科，它的主要代表——建筑，集中反映了人类在社会发展中改造世界的思想、观念、方法的转变，从而带来的文化改变。因此，在了解建筑人类学之前，我们先要了解——文化人类学。

图 3-6 城市公共空间中人与环境的互动

图 3-7 环境生态学在设计中产生越来越重要的作用

绿道（Greenway）是一种线形绿色开敞空间，通常沿着河滨、溪谷、山脊、风景道路等自然和人工廊道建立，内设可供行人和使用非机动交通工具者进入的景观游憩线路，连接主要的公园、自然保护区、风景名胜区、历史古迹和城乡居民聚居区等，兼具生态保育、历史文化遗产保护、科研教育、休闲游憩等多种功能。

绿道与山体、城市公园的关系
· 串联山体开放空间
· 城市游憩活动纽带

绿道与河流、滨水空间的关系
· 丰富滨水活动内涵
· 城市滨水生活动脉

绿道与城市道路、绿化带的关系
· 街道公共空间的活动轴带
· 高效、集约地利用道路空间

图 3-8 深圳市城市绿廊规划导则

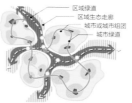

区域绿道
区域生态走廊
城市或城市组团
城市绿道

绿道主要由自然要素所构成的绿廊系统和为满足游憩功能所配套的人工系统两大部分构成。
· 绿廊系统由地域性植物群落、水体、土壤等具有一定宽度的绿化缓冲区组成，是绿道的生态基底。
· 人工系统由绿道游径、服务设施、基础设施、标识系统四大要素组成，是绿道的生态基底。
· 深圳市绿道网由区域绿道、城市绿道和社区绿道构成。

区域绿道连接珠三角各城市，对区域生态环境保护和生态支撑系统建设具有重大意义。

区域绿道连接区级公园、小游园和街头绿地，主要为附近居民服务。

城市绿道连接城市内重要功能组团，对城市生态系统建设具有重要意义。

　　文化人类学是研究社会文化现象的学科，它以事物表现的"果"为观察分析对象，寻找到"果"形成的"因"，为实践工作奠定理论基础，因而文化人类学是众多应用学科的重要理论参考，如建筑的历史理论研究和创作领域中，为其提供思考空间与创作根基。文化人类学是对人类传统的观念、习俗（思维方式）和文化产品的研究的学科。早期着重研究原始社会人类生产、生活的状况，随着文化人类学研究的不断深入，它突破了原有的研究范畴，已拓展到其他社会层面和自然科学领域，对其他学科如建筑学，产生了深刻的影响，对它的研究应当建立在整体文化的基础上。运用文化人类学的理论和方法，分析习俗与建筑、文化模式与建筑模式、社会构成与建筑形态之间的关系，从而说明建筑人类学的意义与价值。

　　由此可见，建筑人类学就是将文化人类学的研究成果和方法应用于建筑学领域，即不仅研究建筑本身，还研究建筑的社会文化背景。我们必须从文化的角度去研究建筑的问题，因为建筑是在文化的土壤中培育出来的，作为文化的具体体现，其建造和使用都离不开人类的生产活动。因此，应当从人的角度和文化发展的高度来审视建筑的创作价值和意义。（图 3-9）

　　建筑人类学注重研究社会文化的各个方面，研究人类的习俗、宗教信仰、社会生活、美学观念及人与

图 3-9 中国美术学院的建筑设计体现出建筑人类学的研究成果

社会的关系，正是这些内容构成了建筑的社会文化背景，最终通过建筑的空间布局、外观形式、内部装饰等展现出来（图 3-10）。美国学者摩尔根认为，要在同质的历史环境中理解特定的文化。不同的人类社会组织，都以各自的方式建立和发展起了自己的聚落与城市文化。他们一方面反映了生态系统、技术水准、生产和产业方式以及特定观念形态的潜在作用；另一方面反映了普遍的继承与特定的形式。

　　在对我国的传统建筑形态、建筑历史与理论及建筑创作等领域的研究中，也体现出了建筑人类学思想方法的渗透。（图 3-11）

图 3-10 通过细节表现社会文化习俗

图 3-11 民居元素在环境设计中的应用

在各个领域特别是相邻学科中汲取有价值的养分，是一种重要的学习方法。其中，在建筑人类学方面设计师特别善于就文化对设计的影响作深入的研究，对环境设计具有非常重要的借鉴意义。建筑理论是人类社会发展的一面镜子，从中我们会发现自然、文化、科技三者在环境设计中的合力作用。

五、环境美学

某种程度上可以将环境美学称作"应用美学"。所谓应用美学，指有意识地将美学价值和准则贯彻到日常生产活动中，如从穿衣、驾车到划船、建房等一系列行为。以美学内涵来重新界定环境，我们逐渐意识到，环境涵盖了物理空间尺度和哲学空间尺度。美学将帮助我们从抽象理论和具体情境两个层面深刻体悟自然与人之间的不可分割的关系。（图 3-12）

环境美学将环境作为审美对象，更注重设计伦理观念，其意义不仅仅限于美学观念的变迁，更注重感知层次上对人与自然亲密连续性的体会和认知。以蕾切尔·卡逊的科普读物《寂静的春天》的出版为标志，从 20 世纪 60 年代开始，环保运动在西方国家如潮水般涌起，取得了不少成果。在这一发展背景下，环境伦理学、环境哲学研究方兴未艾，自然的价值、权利等问题得到了讨论，自然物成为环境伦理学关怀的对象等，国内学者已在这方面做了很多的探索和研究。相比之下，与环境伦理学同时兴起的环境美学，国内学者的关注相对较少。

人对自然环境美的欣赏，不仅限于视觉层面，还涉及了嗅觉、触觉、听觉、味觉，乃至肌肉的紧张和放松等身体的全部知觉。人不仅仅是纯粹意识的存在，同时也是与自然血肉相连的感性肉体存在，并非独立存在于自然环境之中，而是自然环境的一部分。我们要有一双善于发现美的眼睛来欣赏自然，将自己投入自然之中，成为自然一个部分。（图 3-13）

图 3-12 西湖——环境美学中包含人在环境中的体悟

图 3-13 水之教堂的环境审美

图 3-14 公共环境艺术——环境设计的形态是由内在功能需求产生的

第二节 环境设计的形态要素

一切造型艺术都要研究"形态"。顾名思义，"形"意为"形体""形状""形式"，"态"意为"状态""仪态""神态"，就是指事物在一定设计条件作用下的表现形式，它是因某种或某些内因而产生的一种外在的结果。（图 3-14）

环境设计的形态要素有形状、色彩、肌理等，它与功能、意识等内在因素有着相辅相成的关系。作为外在的造型要素，形态是传达设计功能、意识因素信息的直接反映，它的产生不仅受到实用功能的制约，同时又对意识的形成具有重要的反馈作用。它们之间的关系应该是：意识产生功能→功能决定形式→形式反映意识。所以，我们在讨论环境设计的"形态"要素时一定要清晰没有意识和脱离功能的形式存在。反过来，形式的存在必然为实现功能和为传达意识服务。简而言之，不仅要意识到形态语言的重要性，更要知道为什么用这个形态语言。（图 3-15）

造型因素中的形态有两个层面的意义：一方面是某种特定的外形，即物体在空间中的轮廓；另一方面是物的内在结构，包括功能结构与支撑结构，是设计物的内外要素统一的综合体。（图 3-16）

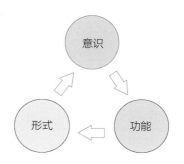

图 3-15 意识、功能、形式之间的关系

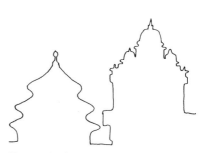

图 3-16 外轮廓形态

　　形态又可分为具象形态和抽象形态两种类型。具象形态泛指自然界中真实存在的各种形态，即人们可以凭借感官和知觉经验直接接触与感知的，因此又称为现实形态。抽象形态包括几何抽象形、有机抽象形和偶发抽象形，是指人经过思考从自然形态中凝练而成的，具有很强的人工成分，抽象形态又称作纯粹形态和理念形态。（图 3-17 至图 3-19）

图 3-17 具象形态

图 3-18 环境设计中对自然形态与抽象形态的大胆运用

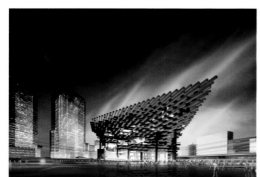

图 3-19 左图：重庆国泰艺术中心，右图：重庆国泰艺术中心设计灵感（崔凯）

图 3-20 法国巴黎拉德芳斯广场上的花坛尺度变化

图 3-21 法国密特朗国家图书馆的设计，体现物体的尺度和空间尺度的对比

　　物体的形态、大小、颜色和质地、光影的视知觉受环境的影响，我们可以通过视觉感知把它们从环境中分辨出来。根据我们的视觉经验总结出，单个物体的形态设计要素包括形体、材质、色彩、光影等。（图 3-20 至图 3-24）

一、形体

　　形体是环境设计中建构性的形态要素，任何一个可视的物体都有形体，是我们直接建造的对象。形是由点、线、面、体、形状等基本要素构成的，并由这些要素限定着空间，决定空间的基本样态。这五个基本要素在造型中具有普遍意义，是形式的原发要素。（图 3-25）

1.点

　　在环境设计中点是人们虚拟出来的形态，没有长、宽、高的概念，它是静止的、没有方向感的，形态简洁，是最小的构成单位，具有凝聚有力、位置灵活、变化丰富的特性。

图 3-22 室内设计中色彩的运用

图 3-23 材质设计给人带来的新颖感受

点的特性：

（1）当点处于区域或空间中央时，它是稳固的、安定的，并且能将周围其他要素组织起来，形成视觉与心理的中心，控制着它所处的范围，建构秩序。（图 3-26）

（2）当它偏离中央位置时，在保留中心特征的同时，更表现出能动、活跃的特质。（图 3-27）

（3）在室外环境中，静止的点往往是环境的核心，动态的点形成轨迹。（图 3-28）

（4）点的阵列能强化形式感，并引导人的心理从"点"向"面"的性质过渡。（图 3-29）

（5）作为形式语汇中的基本要素，一个点可以用来表示一条线的两端、两线的交点、面或体上线条的交点。（图 3-30）

2.线

线是点在空间中的运动轨迹，给人以整体、归纳的视觉印象。线作为基本的视觉要素，我们依靠它来定义边界、识别范围和形状（图 3-31）。线也是设计中的结构表现要素，它对规整空间的几何关系、构筑方式的强化都有非常重要的作用（图 3-32）。线可以分为直线和曲线两种，前者给人以理性、坚实、有力的感觉，后者给人以感性、优雅的感受。（图 3-33）

图 3-24 运用形状强化设计的特征

图 3-26 处于区域中心的点对周围其他要素的组织

图 3-27 建筑立面用点的分散构成给画面带来了视觉美感

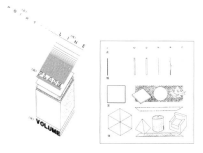

图 3-25 点、线、面、体、形状

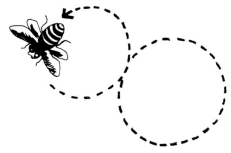

图 3-28 运动的点的轨迹

图 3-29 点的阵列在设计中的运用

图 3-33 左图：直线——理性、有力；右图：曲线——感性、优雅

图 3-30 形态中点的标志

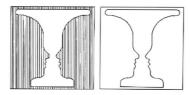

图 3-31 线定义边界，识别范围和形状

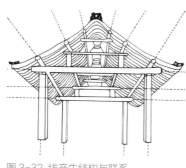

图 3-32 线产生结构与联系

线的特性：

（1）具有强烈的方向感、运动感和生长的潜能。（图 3-34）

（2）直线表现出联系着两点的紧张性；斜线体现出强烈的方向性，视觉上更加积极能动。（图 3-35）

（3）抛物线表现出柔和的运动轨迹，并具备生长潜能。（图 3-36）

（4）将同样或类似的要素进行简单的重复，使之产生一定的连续性，此时也可以将这组连续的要素看成一条线。（图 3-37）

（5）一条或一组垂直线，可以表现出一种重力或人的平衡状态，也可以标出空间的位置。（图 3-38）

（6）一条水平线，可以体现出一种稳定的状态，或表现地平面、或表现地平线、或表现平躺的人体，在设计中水平线常具有大地特征的暗示作用。（图 3-39）

（7）斜线是视觉动感的活跃因素，往往体现出一种动态的平衡。（图 3-40）

（8）垂直的线可以用来限定通透的空间。（图 3-41）

图 3-34 线的运动感带来的设计创意

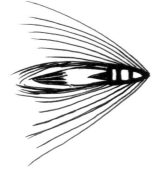

图 3-35 斜线体现出的方向性

图 3-36 抛物曲线表现出柔和的运动轨迹

图 3-37 同样或类似的要素做简单的重复也可看作是线的运动

图 3-38 一条或一组垂直线，可以表现出一种重力平衡状态

图 3-39 在设计中水平线常具有大地特征的暗示作用

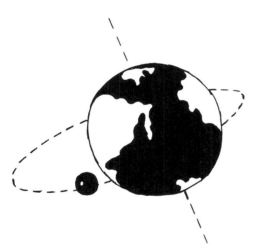

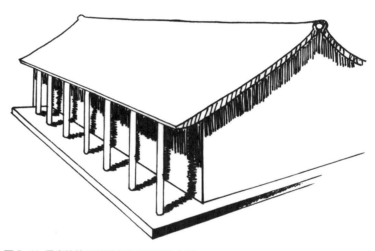

图 3-40 斜线往往体现出一种动态的平衡

图 3-41 垂直的线可以用来限定通透的空间

3.面

一条线垂直移动可界定出一个面。依据面的构成方式，可以将其概括为几何形、有机形和偶然形。（图 3-42）

面是环境设计专业室外或室内设计中的空间基础，三维空间中面的构成关系决定了它们所界定的空间形式与特性。

面的特性：

（1）一条线可以展开成一个面。从概念上讲，一个面有长度和宽度，但没有深度。

图 3-42 几何形、有机形和偶然形

图 3-43 面的第一特性是形状

图 3-44 面的表面属性

图 3-45 虚面的空间限定作用

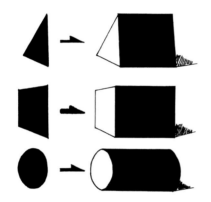
图 3-46 体的长度、宽度和深度

图 3-47 物体与空间的图底关系

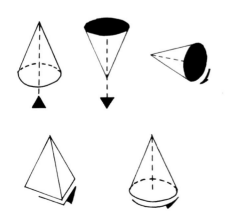
图 3-48 形状是体的基本的、可以辨认的特征

（2）面的第一特性是形状，它是由形成面的边缘轮廓线确定的。当我们斜视一个面时，会因透视而失真，所以只有正面观看，才能看到面的真实形状。（图 3-43）

（3）色彩和质感会影响面在视觉层面上的重量感和稳定感。（图 3-44）

（4）在可见结构的造型中，面可以起到限定空间的作用。建筑作为一种视觉艺术，面是处理形式和空间（长、宽、高三度）体积的重要因素。（图 3-45）

4.体

面沿着其表面的方向扩展即可形成一个体量。可见体能赋予空间以尺度和形状。从概念上讲，体有长度、宽度和深度三个量度（图 3-46）。我们要提高研究体量的图底关系的观察力（图 3-47）。

（1）体的特性。

①形状是体的基本的、可以辨认的特征，它是由面的形状和面之间的相互关系决定的，这些面表示了体的界限。（图 3-48）

②从建筑设计三度要素可以看出，一个体可以是实体即体量所置换的空间，也可以是虚体即由面所包容或围起的空间。（图 3-49）

③一个体量所特有的体形，是由描述出体量的边缘所用的线和面的形状与内在关系决定的，可以运用扭转、叠加等手法增强体的变化。（图 3-50）

④体量作为构成形态的元素之一，还可以突出的形态特征插入群体体量中，从而获得强烈的对比效果。（图 3-51）

（2）实体中，抽象的几何体量。

①球体：球体具有向心性和高度集中性，在它所处的环境中

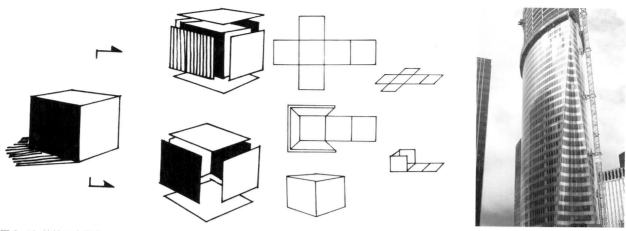

图 3-49 体的三度要素

图 3-50 法国现代高层建筑的体量扭转变化

图 3-51 群体体量中的变化

图 3-52 设计中的球体

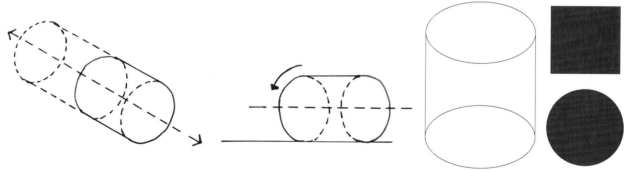

图 3-53 圆柱体的图解

可以让人产生以自我为中心的感觉，通常呈稳定的状态。（图3-52）

　　②圆柱：圆柱是一个以轴线呈向心性的形式，轴线是由两个圆的中心连线所限定的，它可以沿着此轴延长。如果将其置于圆面上，圆柱则呈现静止状态。（图3-53）

　　③圆锥：圆锥是以等腰三角形的垂直轴线为轴旋转轴而派生的形体，和圆柱一样，当它坐在圆形基面上的时候，圆锥呈现一种非常稳定的形式；当它的垂直轴倾斜或者倾倒的时候，它就是一种不稳定的形式。

它也可以用尖顶立起来，呈现一种不稳定的均衡状态。（图3-54）

　　④棱锥：棱锥的属性与圆锥相似，但是它所有的表面都是平面的，棱锥可以在任意一个表面上呈稳定状态。圆锥是一种柔和的形式，而棱锥则是一种带有棱角的比较硬的形式。（图3-55）

　　⑤立方体：立方体是一个有棱角的形式，它有六个面积相等的面，并有十二个等长的棱。因为立方体的几个量度相等，所以其缺乏明显的运动感或方向性，是一种静的形式。（图3-56）

5.形状

形状有三种类型：自然形指自然界中各种物象的体形；非具象形是有特定含义的符号；几何形，指人通过观察事物而得出的经验，即人为地创造的形状，几乎主宰了建筑和室内设计的整个建造环境，最醒目的有圆形、三角形和正方形。每种形状都有自身的特点和功能，对于环境设计实践有着重要的作用。它们在设计中的运用非常灵活、富于变化。（图 3-57、图 3-58）

（1）形状的主要特性。

①图纸空间被形状分割为"实"和"虚"两个部分，从而形成图底关系。（图 3-59）

②形状被赋予性格，它的开放性、封闭性、几何感、自然感都对环境设计带来了重要的影响。例如，圆形圆满而柔和、扇形活泼、梯形稳重而坚固、正方形雅致而庄重、椭圆形流动而跳跃。（图 3-60）

③对形的研究还涉及各民族文化中的潜意识和心理倾向，特别是固定样式成为民族化语言的主要表达方式。（图 3-61）

（2）形状中，最重要的基本形是圆形、三角形和正方形。

①圆形：一系列的点，围绕着一个点均等并均衡安排。圆是几何学上的概念，用以描述具有相等半径的所有点到中心距离相等的形状，具有集中性、内向性的特征，通常它所处的环境是以自我为中心，在环境中有着统一和规整其他形状的重要作用。（图 3-62）

②三角形：它表现出强烈的稳定感。三角形的边不被弯曲或折断就不会发生变形，因而三角形常常被用在结构体系之中。从纯视觉的观点来看，当三角形站立在它的一个边上时，则趋于稳定；当它伫立于某个顶点时，就变得动摇起来；当它倾斜向某一边时，也会处于一种不稳定的状态之中。（图 3-63）

③正方形：它是一个有四个等边的平面图形，并且有四个直角。和三角形一样，当正方形坐在它的一个边上的时候，是稳定的；当立在它的一个角上的时候，则是动态的。（图 3-64）

图 3-54 设计中的圆锥——黑川纪章设计的爱媛县综合科学博物馆

图 3-55 设计中的棱锥

图 3-56 体量在建筑设计中的灵活性

图 3-57 形状在建筑设计中的应用

图 3-58 形状在环境设计中的灵活性

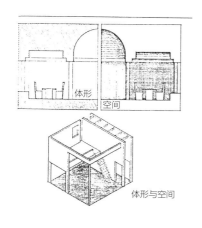

图 3-59 图底空间的虚实关系

图 3-60 完整的图形在构图中的主导地位

图 3-61 传统纹样的民族化特征——法国国家考古博物馆

图 3-62 圆形的规整统一特征

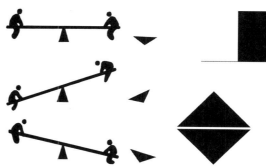

图 3-63 三角形的稳定与动感

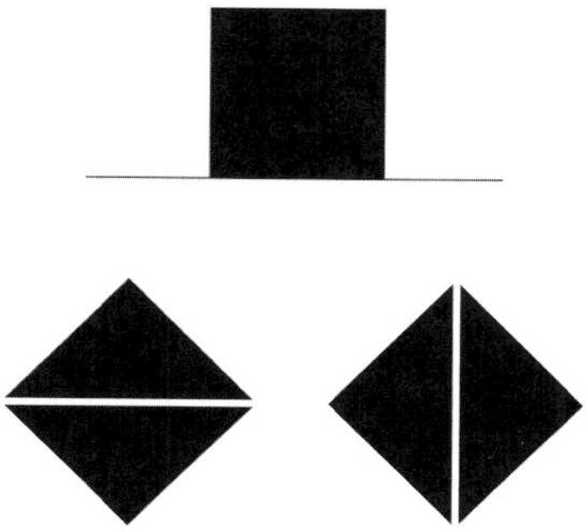

图 3-64 正方形的稳定与动感

二、材质

在审美过程中材质主要表现为肌理美，是环境设计重要的表现性形态要素。人们在和环境接触的过程中，肌理给人的心理和精神带来了引导与暗示的作用。

质地是由物体表面的三维结构产生的一种特殊质感。质地不仅可以用来表达物体表面的粗糙与平滑程度，也可用来表现物体特殊表面的质感，诸如石材的粗糙、木材的纹理以及纺织品的编织纹路等（图3-65）。材料的质感综合表现为其特有的色彩光泽、形态、纹理、冷暖、粗细、软硬和透明度等，从而使材质各具特点，变化无穷。可归纳为粗糙与光滑、粗犷与细腻、深厚与单薄、坚硬与柔软、透明与不透明等感觉。

图 3-65 用材质的表面肌理丰富空间

（1）材质的特性。

①质地有两种基本类型：触觉质感是真实的，在触摸时可以感觉出来；视觉质感是眼睛看到的，所有触觉质感均能给人以相应的视觉质感。视觉质感可能是真实存在的，也可能是一种错觉。（图3-66、图3-67）

②材质不仅能给我们带来肌理上的美感，在空间中还能营造出伸缩、扩展的心理感受，并能配合创作的意图表达某种主题。质地是材料的一种固有本性，我们可用它来点缀空间，并赋予其某种特殊的含义。（图3-68）

③材质包括天然材质（石材、木材、天然纤维材料等）和人工材质（金属、玻璃、石膏、水泥、塑料等）两大类。

④尺度大小，视距远近和光照是影响物体质感的重要因素。一切材料在一定程度上都有一种质感，而质地的肌理越细，其表面呈现的效果就越平滑光洁，甚至粗劣的质地，从远处看去，也会呈现出相对平整的状态。（图3-69）

⑤光照影响着质地给我们带来的感受，反过来，光线也受它所照亮的物体表面质地的影响。当直射光斜射到有实在质地的表面上时，会提高它的视觉质感；而漫射光线则会减弱这种实在的质地，甚至会模糊掉它的结构。（图3-70）

另外，图案和纹理是与材质密切相关的两个要素，我们可以将其视为材质的邻近要素。

（2）图案的特性。

①图案是一种用于点缀或装饰物体表面的设计要素。

②装饰性图案总是在重复一个设计的主体图形，图案的重复性也带给被装饰表面一种质感。（图3-71）

③图案可以是构造性的或是装饰性的。构造性的图案是材料的内在本性以及由制造加工方法、生产工艺和装配组合得出的结果。装饰性图案是在构造过程完成后加上去的。（图3-72）

三、色彩

色彩是环境设计中最为生动、活跃的因素，能给人带来特殊的心理效应。色彩的调和与对比，色彩的节奏感、层次感与色彩的色相、明度、纯度的应用等都给环境增添了无穷的魅力。由于色彩能给人的生理和心理方面带来影响，因此它是一种传达设计内涵的重要因素，不同的色彩能带给人不同的心理感受。（图3-73）

（1）色彩的三个属性：色相、纯度、明度。三者互相关联。

（2）暖调光可以加强暖色相并中和冷色相，而冷调光则可以加强冷色相并削弱暖色相。

图3-66 材质的错觉表现　　　　图3-67 视觉质感的表现

图3-68 视觉吸引力在空间中的应用　　图3-69 距离影响肌理的粗　图3-70 光照对材质的影响——意大利的电话亭设计
　　　　　　　　　　　　　　　　　　　细质感

图 3-71 图案的重复性带给被装饰表面一种质地感

图 3-72 装饰性图案

图 3-73 色彩的明度变化在设计中的运用

图 3-74 色彩纯度对比给人带来心理上的变化——巴黎大学教学楼建筑更新设计

图 3-75 室内设计中具有民族特征的色彩方案

（3）色相所表现的明度还会因照射光量的多少而产生变化。减少照明装置的数量会使色彩的明度降低并中和其色相。提高照度也就提高了色彩的明度，并加强了纯度。高强度的照明会使色彩看上去不够饱和。（图 3-74）

（4）色相的冷暖可以会同与之相对的明度与饱和度，提高我们的视觉吸引力，使某个物体成为趣味中心。暖色和高纯色被认为是视觉上最活跃和富有刺激性的颜色，冷色与低纯度色则消沉而松弛。高明度是愉快的，中等明度是平和的，低明度令人忧郁。

（5）深而冷的色彩有收缩感。明亮而温暖的色彩总有扩张感而使物体显得较大，衬托在深色背景中尤为明显。

（6）每个人都有自己喜欢和不喜欢的颜色，颜色并没有好坏之分。颜色运用恰当与否取决于其所使用的方式与场合，以及是否符合色彩方案中的配色原理。

（7）在为一个室内空间制订色彩方案时，必须要考虑色彩的基调以及色块的分布。方案不仅要满足空间的使用要求，还要顾及建筑的个性表达。（图 3-75）

（8）色彩在色系中是按照一定的秩序排列和组织的，它可以帮助设计师提高工作效率。然而，色系只提供了色彩物理性质的研究结果，真正运用到实际设计中，还需要考虑色彩给人带来的生理和心理影响以及文化因素。（图 3-76）

四、光影

光与照明在环境设计中的实践价值越来越高，是环境设计中的氛围营造要素。随着现代科学技术的发展和建筑文化观念的更新，现代建筑室内光环境的营造作为一种特殊的组成因素，极大地扩展了其实用性和文化性的内涵。光作为界定空间、分隔空间、营造室内环境气氛的一种手段，不仅起到了照明的作用，同时还具有装饰、营造空间格调和表现文化内涵的功能，是集实用性、文化性和装饰性于一体的形态要素。（图 3-77）

正如建筑的实体与空间的关系一样，光与影也存在着不可割裂的对应关系。在对光的设计筹划中，影也常常作为一种环境的形态造型要素被考虑进去。生活中有许多为了达到某种特殊的光影效果而考虑照明方式的设计案例。（图 3-78）

现代环境设计的光主要有自然光环境与人工光环境两大类。

自然光环境作为空间的一个构成要素，不仅可以烘托环境氛围、表现主题意境，还可以满足人们渴求阳光、自然的心理需求。

人工照明的最大特点是可以随人的意志而改变，光的来源通过光和色彩的强弱进行调节，从而创造出静止或运转的多种空间环境氛围，给环境和场所带来生机。人工照明又分为直接照明、间接照明、漫射照明、基础照明、重点照明、装饰照明等。（图 3-79）

局部照明或工作照明是为了进行某种活动而去照亮空间的一块特定区域。重点照明是空间局部照明的一种形式，它产生各种聚焦点以及有节奏的明与暗图形，以替代那种仅仅为照亮某一特定空间区域的功用。重点照明可以改善普通照明的单调性，多用于突出房间的特色或强调某个艺术精品和珍藏。（图 3-80）

综上所述，环境设计的形态要素不仅是一种重要的创作手段，也是提升学生创意思维能力的内容。

图 3-76 室内设计中具有民族特征的色彩方案

图 3-77 巴黎现代景观中水的光影变化

图 3-78 以光影为主导的室内设计

五、形态构成与形态创新思潮

1.形态构成

造型能力是环境设计专业学生必须要具备的一项非常重要的基本功。理解形态的元素、分类就是在造型上的美感锻造。构成是用抽象的方式探索事物的相互关系，从平面构成到立体构成，从空间构成到建筑形态构成，这是一个递进过程。（表 3-2）

表3-2 形态构成分类与递进关系

平面构成	立体构成	空间构成	建筑构成
单元形	多面体	空间限定	二元建筑形态构成
正负形	正负空间	空间形状	多元建筑形态构成
骨骼网络	框架空间	空间属性	建筑空间构成
点的构成	线材特性	空间尺度	建筑体量构成
线的构成	块材特性	空间序列	
面的构成	面材特性		
构成规律 （重复、对比、重构）	体量关系		

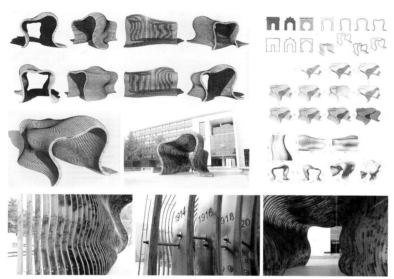

图 3-79 照明手段在设计中的运用

图 3-81 参数化设计的应用——南京艺术学院校门设计

图 3-80 室内设计中的重点照明

2.形态创新思潮

在当代设计中，"参数化"（parametric）主要作为一种计算机技术被使用，它重新定义了事物，在变量与输出之间建立联系。数字技术作为一种新的建筑学造型手段，形成了流体、异元、软性、多维、自组织等形式潮流。

参数化的设计技术手段是以编程设计为基础的。编程，即以程序编写的方法来辅助设计过程，它强调设计过程的逻辑性、关联性，建立参数控制互相联动的有机体过程。因此，编程设计是环境设计专业学生学习的一个核心内容，参数化设计是编程设计方法探索过程的一个分支，即应该用学习程序语言的方法来学习编程设计。（图3-81）

编程设计的本质是数据，是将纯粹的设计形式转化为一种数据操作，这与使用直接三维模型进行手工推敲是有本质区别的。例如，扎哈·哈迪德的空间分形现象就是先通过预留设计空间光孔让计算机进行算法处理，最终形成统体结构。（图3-82）

卡利亚里博物馆方案

柬埔寨金边大屠杀纪念馆

基于卵形的博物馆生成图示

图 3-82 扎哈·哈迪德作品空间分形现象（王一涵）

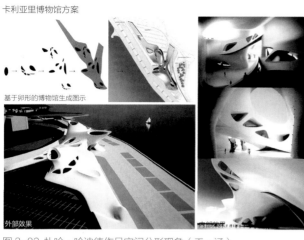

图 3-83 原始装饰中的秩序表现

图 3-84 形式美的应用和创造

图 3-85 强烈的构成形式在室内设计中的应用

第三节 环境设计的形式法则

　　人作为一种有理性的生命存在，本能地向往秩序（图 3-83）。设计具有美的规律和秩序，我们把它称为形式法则。形式是美的外在表现，每一个学习和从事设计艺术的人，都应具备对事物美感的鉴别和欣赏的能力，而这个能力是通过对形式法则的总结、学习中获得的，同时又要在实践运用中不断地进行扩展、创造和丰富（图 3-84）。环境设计是一门应用性很强的学科，设计的形式法则理论不是独立存在的，而是在融合了美术、建筑的审美经验的基础上逐渐发展起来的。对形式美法则的探讨，是所有设计学科共同的课题。

　　人们要创造美的空间环境，就必须在遵循美的形式法则的基础上进行构思，直至把它变为现实。美学家克莱夫·贝尔在他的著作《艺术》中指出："一种艺术品的根本性质是有意味的形式。"它包括意味和形式两个方面："意味"就是审美情感，"形式"就是构成作品的各种因素及其相互之间的关系。"形"即"原形"，包括原始形、自然形；"式"指"法式""法则"。"形"是自然的，"式"是人为的。"形式"的形成过程是自然形态经过人为加工而形成一种新的美的形式。通过点、线、面、色彩、肌理等基本构成元素组合而成的某种形式及形式关系可以激起人们的审美情感，这种构成关系和这些具有审美情感的形式就称为有意味的形式。（图 3-85）

　　正如绘画是通过色彩、线条等和人们进行情感上的交流，音乐是通过旋律和节奏与人们进行心灵上的沟通一样，环境设计也具有艺术的形式，除了要通过植物、水等生态要素外，还要通过材质、光影等形态要素使空间具备表情和意义，使形式与在环境中的人产生情感共鸣。

我们探讨形式法则就是对形式美的规律进行研究。形式美是指构成物外形的物质材料的自然属性（色、形、质）以及它们的组合规律（整齐、比例、均衡、反复、节奏、多样统一等）所呈现出来的审美特性。（图3-86至图3-89）

彭一刚老师在《建筑空间组合论》中谈道："形式美也是设计的语言特征，在人们心理过程中就是形象思维，总的来讲，形式美必然要遵守多样统一的准则，这就是形式美的规律，就是在统一中求变化，在变化中求统一。这是由物质世界的有机统一性决定的，整个自然界（包括人自身）有机、和谐、统一、完整的本质属性，反映在人的大脑中，就会形成美的观念，就是多样统一，它可以衍生出其他的形式法则，但都是对多样统一规律的应用。"结合环境设计学科和创作的特点，我们把多样统一的具体表现归纳为以下五个方面：

一、比例与尺度

环境设计中的任何设计内容都具有体量、尺度，这是环境设计较其他艺术更为突出的形式特征。尺度在形式上的美学表现就是比例和谐。在建筑的创作上，要反复地推敲建筑的长、宽、高的比例关系；在园林设计中，要研究空间的尺度给人心理、行为方面带来的影响。对尺度的把握反映出设计师对"数"与"量"的调度能力。（图3-90）

图3-86 以肌理为主要构成元素的室内设计

图3-87 以重复为主要规律构成的审美

图3-88 以节奏为主要规律构成的形态审美

图3-89 多样统一的形式美法则

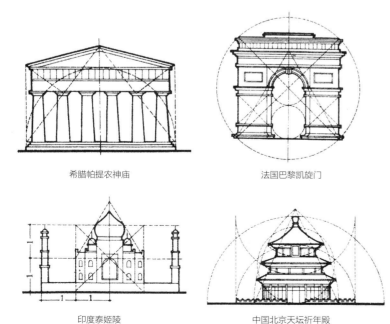

希腊帕提农神庙　　　　法国巴黎凯旋门

印度泰姬陵　　　　中国北京天坛祈年殿

图3-90 建筑立面形态中的形态比例

比例和尺度概念虽然很接近，但内容还是有所侧重。比例研究的是单个物体自身的内部形态，尺度研究的是建筑物的整体局部给人的印象和实际大小之间的关系，主要是研究物与物之间的比例关系。（图3-91）

在比例和尺度的研究中，人们付出了极大的努力。为了研究世界的比例原理，希腊的毕达哥拉斯学派提出了"黄金分割论"（图3-92）。许多建筑家用几何分析法来研究建筑的比例问题，柯布西耶把比例与人体尺度结合在一起，并提出了"模数"体系等概念。（图3-93）

我们可以从前人的经验中看到，他们非常重视对审美经验的积累与总结。有意识地培养学生对比例、尺度的感知能力，是环境设计教学环节的重要内容。

图 3-91 城市空间中的比例尺度审美

二、均衡与稳定

在古代，人们崇尚重力，并在与重力做斗争的实践中逐渐地形成了一整套审美观念，这就是均衡与稳定（图3-94）。处于地球引力场内的一切物体都摆脱不了重力的影响，从某种意义上讲人类的建筑活动就是与重力作斗争的过程。古埃及的金字塔、中世纪极其轻巧的高直式教堂建筑等都体现出人们对重力的探索。

由于人们始终对重力保有一种惯性思维，因此一些设计师开始运用新技术来挑战程式化的思维套路，从而产生了新的稳定感的设计。（图3-95）

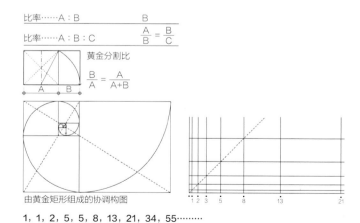

由黄金矩形组成的协调构图

1，1，2，5，5，8，13，21，34，55⋯⋯⋯

图 3-92 黄金分割

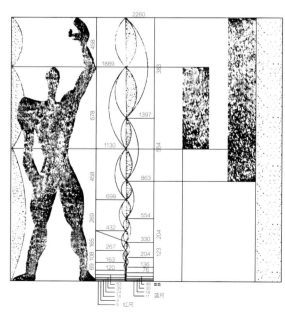

图 3-93 柯布西耶的人体"模数"体系

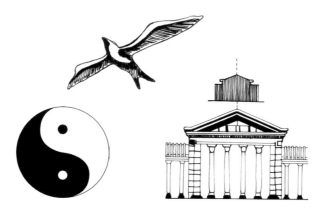

图 3-94 具有均衡特征的事物

图 3-95 建筑中稳定感的新尝试

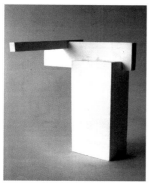

图 3-96 利用抽象的形体进行均衡与稳定的练习

图 3-97 左图：静态均衡；右图：动态均衡

均衡与稳定之间既有联系又有区别。稳定涉及建筑物整体的轻重关系，而均衡则涉及建筑构图中各要素之间轻重关系的处理。（图 3-96）

均衡分为静态均衡和动态均衡。（图 3-97）

静态均衡有对称和非对称两种基本形式。对称的形式就是天然的均衡，加之它本身又体现出一种严格的制约关系，因而具有一种完整的统一性。正是基于这一点，人类很早就开始运用这种形式来建造建筑来获得完整的统一性。对称又称"对等"，是事物中相同或相似形式因素之间的组合关系所构成的绝对平衡，是平衡法则的特殊形式。对称又分为中心对称、轴对称和平面对称三种类型。自然界中植物的叶、大部分动物及人都具有对称形体。事物的对称形式会给人带来审美的愉悦。对称、均衡的布局，能产生庄重、严肃、宏伟、朴素等艺术效果，例如西方宗教建筑和中国古代皇宫建筑布局多用对称形式，以显示其稳定及宏伟，装饰图案中对称的运用也比比皆是。

尽管对称的形式就是天然的均衡，但是人们并不满足于这一种形式，而是要用非对称的形式来保持均衡。非对称形式的均衡虽然不像对称形式那样明显、严格，但要保持均衡其本身也就构成了一种制约关系。与对称形式的均衡相比，不对称形式的均衡显然要轻巧活泼得多。

除静态均衡外，还有很多现象是依靠运动来求得平衡的，例如旋转的陀螺、展翅飞翔的鸟、奔驰的骏马、行驶的自行车就属于这种形式的均衡，一旦运动终止，平衡的状态也随之消失，因而人们把这种形式的均衡称为动态均衡。如果说建立在砖石结构基础上的西方古典建筑的设计思想更多的是从静态均衡的角度来考虑问题，那么近现代建筑师往往用动态均衡的手法来处理形式问题。

三、节奏与韵律

韵律一词多用于表达音乐和诗歌音调的起伏和节奏感，这里我们指自然界中有规律和有秩序变化的事物。

按照形式特点韵律可分为以下四种类型：

（1）连续韵律：以一种或几种要素连续、重复地排列而成，各要素之间的关系恒定。

（2）渐变韵律：连续的要素按照一定的秩序变化。

（3）起伏韵律：按照一定的规律，体量时而增加时而减少，具有不规则的节奏感。（图3-98）

（4）交错韵律：各组成部分按一定规律交织、穿插而成，各要素之间相互制约，一隐一现，表现出有组织的变化。（图3-99）

以上的几种韵律都表现出了节奏的特点，有明显的条理性、重复性和连续性。韵律在环境设计中运用得极为广泛，甚至有人把建筑比喻为"凝固的音乐"，这指的就是韵律美。

四、主从与中心

在由各种要素构成的整体中，每一个要素在其中所占的比重和位置都会影响到它的统一性。因此，正确地把握和处理各要素与整体之间的关系，是培养学生形式美感的基本要求。在环境设计实践中，从平面组合到立面处理、从内部空间到外部形体、从细部装饰到群体组合，无一不需要仔细考虑并处理好局部与整体、主与从、重点和一般的关系。其中主从关系是开启各种组合关系的一把钥匙，掌握好了就能快速理解其他几组的组合关系。

在主从与中心这组形式法则中我们要认识并掌握视觉重心这一概念。由于人的视觉具有焦点透视的生理特点，在平面构图中，任何形体的重心位置都和视觉的安定有着紧密的关系，因此为了达到突出设计特征的目的，主从关系是一种非常重要的设计手段。

处理好主从关系的方法有很多，其中突出重点形成趣味中心，即有意识地强调某一部分，而使其他部分处于从属地位，以此来实现主从分明，达到完整统一。反之，如果没有这样的重点或中心，就会过于松散而失去构成的有机统一性。（图3-100）

五、对比与相似

对比指的是构成要素之间显著的差异，相似指的是不显著的差异。就形式美而言，这两者都是不可或缺的。把质或量反

图3-98 起伏韵律结合重复手法的空间效果

图3-99 交织、穿插的交错韵律

图3-100 建筑体量上的主从变化突出了环境特征

差较大的两个要素成功地配置在一起，使人在感受到鲜明强烈反差的同时还具有统一感的手法就是对比，它能使主题更加鲜明，意图更加强烈。（图 3-101）

对比可以借彼此的烘托来突出各自的特点，以求得变化；相似可以借相互之间的共性求得和谐。需要注意的是，对比和相似主要限于同一性质的差异，如大小、曲直、虚实、粗细、显隐等，是环境设计中常用的在变化中求得统一的方法。

图 3-101 运用对比手法营造出纯净的环境氛围

第四节　环境艺术的设计原则

人类从未像今天这样正视环境质量。近代人类社会走上了一条看似捷径，实则曲折的发展道路——以破坏生态环境和过度开发与利用不可再生资源为代价换来现代化工业的发展。（图 3-102）

另外，世界的趋同，文化的迷失让我们仿佛置身于文化沙漠中，作为文化载体之一的环境设计，有很多问题值得我们深思。那么，走怎样的发展道路，怎样审视经济发展与环境的关系，怎样对待传统与时代的关系有待我们认真地思考（图 3-103）。在开始专业学习和从业之前，我们要整理思路，遵守环境设计的原则，这关乎设计伦理和设计价值，是我们做设计的基础。

图 3-102 城市化进程加速了对自然环境的破坏

一、人、自然、社会三者和谐统一原则

1.人、自然、社会是环境的三元

我们前面讲到，人、自然、社会是构成环境的三大要素。人处在三者的核心位置上，统治、管辖着自然和社会，有主动地改造和治理环境的权利，同时也受到自然和社会的制约。治理得好，自然环境与社会环境都能受惠，从而形成良好的循环，反之，就会受到大自然的报复。（图 3-104）

图 3-103 现代设计应集中反映人、环境、社会三者的和谐关系

图 3-104 人、自然、社会的关系

很长一段时期内，人类用拼资源、毁环境的做法来谋求经济的发展，这样的发展是暂时的。科学技术以前所未有的速度和规模迅猛发展，增强了人类改造自然的能力，给人类社会带来了空前的繁荣，也为进一步发展提供了必要的物质技术条件。然而，这种掠夺式生产已经对生态造成了严重破坏，大自然向人类发出了警告。

从表面上看，环境设计的重点是环境，实质是协调人、自然、社会三者的关系，为了创造出更美好的人工环境要更多地考虑自然因素。例如，澳大利亚对相关的环境保护做了以下要求：

自然资源目标：保存、保护并提高松林地的整体生态价值，包括广阔的林区、基本特征及其对干扰进行自我恢复的潜能。

方针 1：保存、保护并提高地表和地下水的水质与水量。

方针 2：保存、保护并提高动植物生存条件及其栖息环境的多样性。

方针 3：保存、保护并提高现有的土壤条件。

方针 4：保存、保护并提高现有的地形特征。

方针 5：保存、保护并提高现有的空气质量。

方针 6：保护自然风景的质量。

澳大利亚为详细、全面地整理自然生态环境信息所制定的这些目标和方针，反映了以尊重环境的价值为基础的原则，值得我们学习。

2.三者的和谐统一是环境设计的主要任务

既然人、自然、社会是相互依存的，那么追求三者的和谐统一就成为环境设计的首要任务，也是环境设计的重要原则和作为评价设计成果的首要标准。创建低消耗、少排放，循环、可持续的国民经济体系和资源节约型、环境友好型社会。坚持开发与节约并重、节约优先，逐步建立全社会的资源循环利用体系。实行单位能耗目标责任和考核制度。增强全社会的资源忧患意识和节约意识。这些都是政府在宏观政策上对人与自然和谐统一所提出的要求。

在设计层面上，我们要明确设计的本质不是盲目地增加设计成本和一味地追求高端市场以获得设计

"成果"与社会影响，而是重提安全、卫生、节能、整洁、高效等实用性功能要求，它们应该成为设计意识和设计风格的主流。在当今浮躁的风气下，回归设计的平民化作风对发展中国家而言具有特殊的意义。

3.可持续发展的设计观

和谐统一的发展就是可持续发展，这是面对遏止人类无限膨胀的占有欲和面向社会、自然的全面长久发展的角度而提出的。可持续发展战略的核心是经济发展与保护资源、保护生态环境的协调一致，是建立在让子孙后代能够享有充分的资源和良好的自然环境基础上展开的一系列设计方法和举措。（图 3-105、图 3-106）

设计观就是发展观，就是世界观。经过教训，我们要重提节约意识。节约并不是保守主义的节制，而是一种可持续发展的眼光。从表 3-3 中可以看出，人们在社会进步的潮流中生活方式的改变以及可持续发展的应用前景。

城市化、全球化向未来几十年的环境设计学科发起了挑战，最为密切的便是由能源、资源与环境危机带来的对可持续性发展的挑战。环境设计是面向未来的职业，我们要达成可持续发展的共识。其中，最大限度地发挥生态系统的效能，综合考虑自然条件、社会条件、经济条件，调整生态系统的效率是衡量可持续发展的标准之一。

从表 3-4 中我们能清楚地看到欧洲各国在执行具体设计案例时对可持续发展策略的具体运用。

二、尊重地域文化的原则

设计是文化的一种外在显现，文化是设计的内在力量，因此设计中所包含的文化内涵应反映出设计内在的含金量。环境设计是与人们生产生活密切相关的艺术，是记载人类文明的活化石，对所属文化的认知、文化身份的认同有着重要的指向作用。

对传统文化的扬弃是人类顺应历史潮流的必然结果，尊重地域文化是近年来环境设计所重视并倡导的设计原则。我国不同地域的人有着不同生活习俗以及不同的自然环境、社会经济、生产技术条件，产生了

图 3-105 荷兰城市生态环境重构

图 3-106 德国的生态水景设计

千变万化、丰富多彩的民居风格类型。在封建社会，尽管建筑有营造等级法例，但各地域的民间建筑依然得到了延续、整合和变异，表现出了不同的地域特色。在经济与科技高速发展的时代背景下，相当长一段时间内人们受官本位"形象工程"思想的影响，盲目地走上了城市化、技术化的发展道路，盲目地认为人类要依靠某种高科技材料和手段来装饰门面才可以达到城市化、技术化的效果，甚至这种思想至

表3-3 可持续设计的应用前景

社会	农业	工业	信息
历时	8000B.C—1750s	1860—1950s	1950—2010s
能源	可再生：人力、畜力、风力、水力	不可再生：煤、石油、核能	可再生：太阳能、电脑数据传输
销售	生产者→消费者	生产者→消费者→销售系统	生产者→消费者
生产	家庭、田间、手工、畜力	工厂、机器	家庭、工厂、机器、电脑
家庭	大	小	多样化

表3-4 可持续设计评估清单

可持续	完全	部分	无	部分	完全	不可持续

创造新的永久工作机会 ………………………… 减少就业机会
建筑与空间相协调 ………………………… 建筑与空间不协调
提供教育机会 ………………………… 减少教育机会
创造价位适中的居住社区 ……………… 破坏价位适中的居住社区
减少对健康的威胁 ……………………… 增加对健康威胁
减少不公正性…………………………… 增加不公正性
增加社交机会 ………………………… 降低社交机会
提高安全性 ……………………………… 制造不安全环境
尽可能提供开放空间 ……………… 提供最小的开放空间
建筑强调地方肌理 ……………………… 忽视地方肌理
减少压力（包括物质上的和心理上的） ……… 增加压力
美观 ………………………………………… 破坏美观
多样性 …………………………………………… 单一化
改善自然景观 ………………………… 破坏自然景观
净化空气 ………………………………… 污染空气
净化水 ………………………………………… 污染水
利用雨水 ………………………………… 浪费雨水
补充地下水………………………………… 消耗地下水
自我生产养料 ………………………… 不生产养料
使土壤肥沃 ………………………… 破坏肥沃的土壤
使用太阳能 ……………………………… 浪费太阳能
储备太阳能 ……………………… 消耗不可再生燃料
保持宁静 ………………………………… 破坏宁静
自我消耗废物 ………………………… 堆积无用的垃圾
自我维护 ……………………………… 需要维修/清洁
与自然进程相匹配 ……………………… 忽视自然进程
提供野生动物栖息地 ……………… 破坏野生动物栖息地
温和的气候和天气 ……………………… 剧烈变化的气候
提高可再生资源使用率 ……………… 增加非可再生资源的使用
使用本土资源 ………………………… 引进资源
自给自足…………………………………… 依靠进口
鼓励步行/自行车 ……………………… 鼓励机动车的使用
鼓励公共交通 ………………………… 鼓励使用私家汽车
降低日常机动车旅程 ………………… 增加日常机动车旅程

出自：弗雷德里克·斯坦纳《生命的景观：景观规划的生态学途径》

今仍影响着年轻一代的设计师。与之相反的是，设计师最关心的内容是如何保护和挖掘地域文化，这被称为本土化的设计观。（图 3-107）

　　设计师要认真思考和理性分析不同地域的传统特色，从中找出可塑因子并进行延续、整合和变异，以创造出符合本土地域特色的设计成果。当今千篇一律的城市形态充斥着我们生活的各个角落，几乎抹杀了所有的城市特色和地域特征，由此带来城市记忆的消逝、城市自豪感和身份认同感的缺失。因此，设计师要葆有一颗建设具有地域和本土特色的环境艺术的初心。（图 3-108）

　　随着经济全球化在世界范围内的迅速展开和民族文化的觉醒、民族自信心的增强，世界文化与民族地域性文化既矛盾又互相联系，使世界变得更加错综复杂，地域建筑文化乃至环境设计无法摆脱世界文化圈的"磁力"，而在数字社会，这种磁力对经济、文化的影响日益增强。如何面对传统、面对现实、面对世界，历史的长河给我们带来了深刻的启示，走向开放的地域建筑是我国建筑行业发展必然选择。（图 3-109）

1.对地域生态特征的保护

　　我们发现，城市面貌的趋同带来了环境缺乏特色等一系列问题。长此以往，将带来文化的迷失，使我们失去主人翁的地位，沦为环境的奴隶，而设计师则变成了城市建设的"复印机"。而地域生态特征是最容易辨识的原生形态特征，这是我们在进行城市设计、建筑设计和景观设计过程中不可忽视的地域要素。

图 3-107 用符号化的手段来彰显地域文化的环境设计

图 3-108 比利时市政广场上民族特征浓郁的小品设计

图 3-109 地域文化在室内设计中的表达

具体来说，生态特征主要包括以下四个方面：

（1）地形特征：该地域的主要地形，如山体、平原、丘陵。（图 3-110）

（2）植被特征：受土壤、气候、水资源等因素的影响而形成的植被情况。

（3）水体特征：是否有显著的水源，如海洋、河流、湖泊等。

（4）气候特征：在设计中反映出日照、风向等气候特征。（图 3-111）

2. 对地域生活形态的利用

环境设计应从人入手，满足人的多层次心理需求。这种需求的多层次表现在，一是满足现代生活的需要——人们向往着新材料、新技术带来的舒适、便捷；二是表现在情感的需求，而这种情感主要体现在对地域特色的认同方面。因此，我们在创造地域的新建筑时，要把现代技术与地域特色结合起来，使现代技术服务于地域建筑。

优秀的设计往往对地域文化中的人进行了深入的分析，生活形态是其中的重要内容——居住在环境中的人以何种行为与环境产生联系？当我们提出这样的问题的时候，设计就不再是空中楼阁，而是扎根生活，更具原始生命力。现在，很多敏锐的设计师已经发现越是贴近生活原形态的设计，就越有吸引力。（图 3-112）

具体来说，地域生活形态主要包括以下三个方面：

（1）人们在生活中形成的与环境的交流方式。如有的地方的人喜欢在露天喝茶，而有的地方的人喜欢坐在炕上，设计师要留意并积极应用生活中的这些细节。

（2）基于地形、原有生活习惯、审美标准等，生活中充满各种情趣，设计师要注意观察并有意识地保存和巧妙地利用这类信息。

（3）传统的习俗是否能运用到设计中。如在起居饮食方面，有的地方习惯席坐，有的地方是炕上起居，有的地方则惯于排坐。

3. 对地域历史文化的挖掘

我们知道，地域历史文化关乎文化的完整性。一种文明、文化的解体，不是因为自然的毁坏和更替造成的，而是由无知的人为破坏造成的。因此，我们要尊重地域历史文化，要有意识地挖掘、发现历史文化的潜在价值。（图 3-113）

图 3-111 柯里亚的作品充分反映了印度当地的气候特征

图 3-110 尊重地形的景观设计　　图 3-112 生活的原形态对设计的启发　　图 3-113 设计中对原生活场景的描述与尊重

三、"以人为本"的人文关怀原则

"人文主义"是欧洲文艺复兴时期代表新兴资产阶级文化的主要思潮，它强调人类社会经济生产活动以人为主体和中心，要求尊重人的需求、维护人的利益、确保人的多种创造和发展的可能性。

环境设计的对象是人，任何类型的设计都不能也不可能脱离人的使用与参与。"以人为本"的人文关怀思想对研究设计的出发点和目的有重要的作用。

在环境设计中，人文关怀原则主要体现在以下两个方面：

1. 功能第一原则

把功能放在第一位，就是表明一种设计态度。这种态度摒弃一切花哨、虚浮、功利的设计，而采用实在、实用、节约的设计。它是环境设计的通用原则之一。

和"内容与形式"的辩证关系一样，功能就是设计的本质内容，只有发现了真正内容，才会产生正确的形式。否则，一切形式都只是短暂和脆弱的。那么，设计中的功能所指有哪些？

（1）切合实用需要。有实用的需要，能解决某个具体的功能（图3-114）；有心理的需要，能从审美上、精神上满足人的需求（图3-115）；有经济的需要，能给经济带来有形的或无形的增长（图3-116）。

（2）符合实际条件。要符合自然条件，最大限度地减少人

图 3-114 功能的解决也产生了相应的形式

图 3-115 法国巴黎拉德芳斯新区的转椅小品

图 3-116 杭州商业步行街中对历史文化符号的应用

为的破坏；要符合经济条件，不能脱离经济的限制而一味地走浮夸路线，那只是装点门面，做表面功夫；要符合技术条件，设计师要确保实施的可能性。

以上两个方面是功能的具体体现。实际上，对功能的研究还有很多工作要做，功能本身的内涵甚至比形式更为丰富。

2. 对弱势群体的关怀

环境设计能反映一个国家经济、文明发展程度。现代设计从它诞生开始就是指向大众的，如果我们只将审美功能放在首位而忽略使用功能，就失去了设计的初衷。因此，关怀弱势群体是环境设计另一个原则。

这里特指因年龄、疾病造成的生理方面弱势的群体，主要包括儿童、老人、残疾人。实际上我们发现，以弱势群体为关怀尺度涵盖了所有的人，设计作品如果能得到弱势群体的认可就相当于得到了所有人的认可。（图3-117 至图 3-121）

谈到对弱势群体的关怀就要谈到无障碍设计。无障碍设计是指无论是谁、无论在何时何地都能感到设计带来的便捷性。主要包含以下三个方面：

（1）舒适性：小到一个短暂停留的椅子，大到一个区域的整体规划，让人感到轻松、愉悦而不是负担、累赘。

（2）安全性：即可达性。在各种环境中，弱势群体能无阻碍地到达任何地方。

（3）沟通性：所有信息易于辨识，信息沟通没有障碍。

图 3-117 对残疾人士等弱势群体的关怀

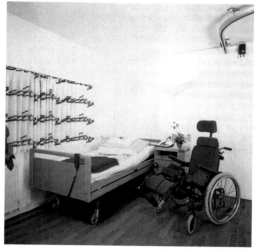

图 3-119 丹麦为老人考虑的无障碍设计 2

图 3-120 丹麦为老人考虑的无障碍设计 3

图 3-118 丹麦为老人考虑的无障碍设计 1

对弱势群体的关怀原则反映出设计的价值观，这是整个设计界达成的一个共识。诺贝尔和平奖获得者玛扎·泰莱莎常说："爱的反义词不是憎恨，而是忽视。"从这个角度讲，环境设计者应该是最懂"爱"的工作者了。

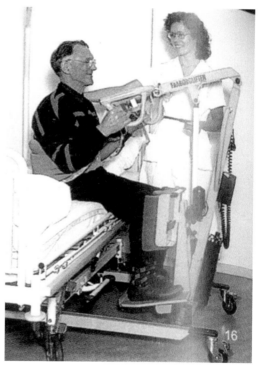

图 3-121 丹麦为老人考虑的无障碍设计 4

本章小结：

1. 主要概念与观念

本章主要从环境设计的理论基础、形态要素、形式法则和设计原则四个方面阐述了环境设计学科的基础理论成果，构建出该学科的审美和价值体系是建立环境设计学科特色的重要内容。

理论基础反映了本课程多学科相互交叉的状况；形态要素概括出环境设计在形态学范畴的具体内容；形式法则指出审美的导向；设计原则构建设计的整体价值评估体系，它们是该课程的核心。

2. 基本思考

（1）环境设计的理论基础由哪几个部分组成，各自发挥了什么作用？

（2）环境设计的形态要素有哪些？举例说明它们的应用情况。

（3）环境设计的形式法则是怎样演变的？在具体案例中它们是怎样运用的？

（4）环境设计的设计原则有哪些，它们有何重要性？

3. 综合训练

（1）查阅相关资料，了解环境设计理论基础的相关知识，如人体工程学，设想它在今后环境设计发展中的应用价值并写一篇小论文。

（2）以某著名设计师的案例为考察对象，说明他是如何将形态要素与形式法则运用在自己的作品中的，课堂发言。

（3）结合国内外有影响力的设计案例说明设计原则在其中的体现，课堂发言。

4. 知识拓展

（1）概念延展：建筑形态构成和构造。

（2）实践延展：参数化设计、线性设计、混沌理论、智慧建筑。

（3）学术延展：景观生态学、景观都市主义。

4

环境设计实践

4 环境设计实践

第一节 环境设计事务

一、环境设计实践的内容

娄永琪教授给同济大学的环境设计专业下了如下定义：我们的环境设计致力于运用整体的、以人为本的以及可持续的方式来创造和促成一种可持续的"生活—空间生态系统"，包括人和环境交互过程中的体验、交流和场所（引自娄永琪《全球知识网络时代的新环境设计》。从"容器"到"内容"，从"造物"到"体验"，从"专业"到"整合"，从"满足需求"到"永续发展"，从"闭环"到"开环"……

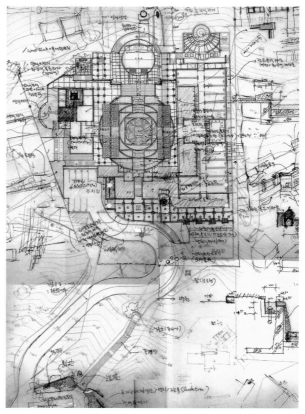

图 4-1 从设计师的草图中看到反复推敲的过程

二、环境设计的生成过程

环境设计是在生活中人类根据自身发展的需要，经过思考、决策、主动地改变环境的创造性活动，这样的创造性活动势必对人们的生产生活带来巨大影响。因此，在创作前，我们必须有这样的意识：任何环境设计都是在特定的时期，在特定的地方，在特定的内因、外因作用下产生的，设计的结果绝不是偶然的、凭空捏造的，与其他任何设计门类相比，它更体现出综合性的特点，更要求设计师具备准确地发现问题、理性地分析问题和科学地解决问题的综合能力（图4-1），而这个综合能力就体现在设计的生成过程中。

环境设计从立项到完成是有规律可循的，我们将该过程归纳为如图 4-2 所示的四个阶段。

设计阶段形成时期的具体操作按提供的图纸深度又分为概念设计、方案设计、设计扩初、施工图设计四个阶段。（表 4-1）

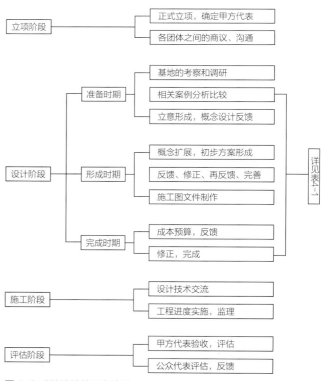

图 4-2 环境设计的四个阶段

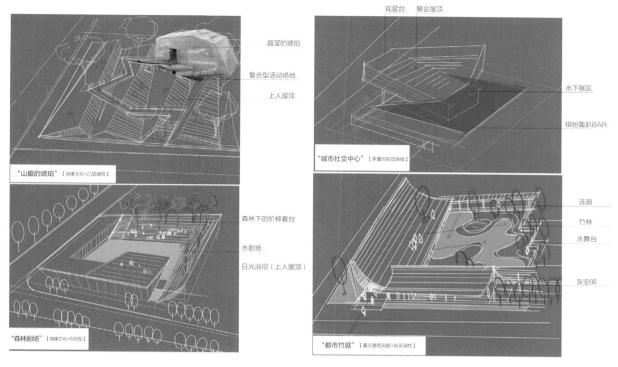

观星台   聚会屋顶

晶莹的琥珀

复合型活动场地

上人屋顶

水下展区

缤纷轰趴BAR

"山巅的琥珀"【地缘文化+凸层建筑】

"城市社交中心"【多重的视觉体验】

森林下的阶梯看台

水剧场

日光浴坝（上人屋顶）

连廊

竹林

水舞台

灰空间

"森林剧场"【地缘文化+内向型】

"都市竹庭"【重庆建筑风貌+街区调性】

图 4-3 上图：前期设计概念的探索；下图：前期概念的空间形态比对

营销体验

看见漂浮售楼部—看见森林—森林穿梭—森林剧场

人行
车行

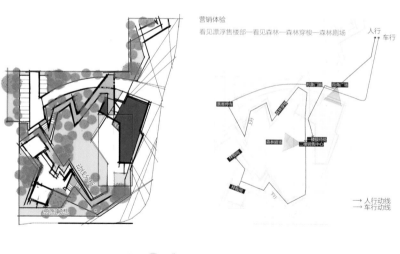

→ 人行动线
→ 车行动线

多种解题空间

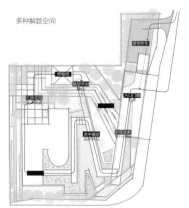

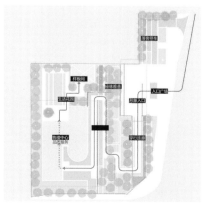

由于受到各种因素的制约，使设计阶段充满了各种可能性，设计师解决问题的顺序是循序渐进的，可能会出现循环交错的现象，有时为了更好地解决问题以找到更有价值的设计方案而同时做出几个方案。（图4-3）

无论设计的具体情况如何，其目的都是有效地解决设计过程遇到的各种问题。在对设计程序进行科学、规律的总结和运用的过程中，不能只单纯地追求生硬的理性逻辑而忽略创造性思维活力的发挥，从而束缚设计师的创造能力。

表4-1 设计阶段的内容

设计阶段	设计内容	设计要求	设计目的
概念设计	注重前期解读设计任务,注重前期分析、提出设计理念,表达初步设计想法,扩展思维、寻找不足、规避方向偏差。与同类案例比较并吸纳同类案例策略。	明确设计目标、内容,编制设计框架。汇集成果形成汇报文本。形态结果多以意向图片或者手绘草稿为主。注重概念的推导过程和落地策略。	制定设计目标与策略,与委托方达成共识并形成方案雏形。
方案设计	反馈市场调研,总体功能分析,结构分析,总体方案形态设计。着力解决主要矛盾问题。	普查与市场调研,广泛征求意见,进行项目讨论,综合甲方意见修改方案、解决技术难点、细化节点。建立空间模型并进行效果渲染。	提出问题,分析优秀案例,提出草案构想,明确设计理念、设计特色与方向。
设计扩初	功能节点分析,视觉与空间形态设计,相关技术配套分析,建立设计草模。分区域细化功能,分布节点、重点。	地形标高、材质分布以及主要空间和构筑物的详细设计。	主要节点,空间的设计意向,表达设计师的详细意图。
施工图设计	完善、修改扩初阶段设计图纸。	所有设计任务的尺寸、材料规格、做法均逐一标明,并配有方案设计的技术说明。	具备能确实指导施工进度的大样详图并建立施工图集目录。

另外,我们还要认识到,环境设计生成过程是设计师在对现场、使用者以及各利益团体关系进行深刻理解的基础上而向前推进的(图4-4)。随着设计的逐渐深入,设计的可选范围越来越有限,这表明了设计结果在设计师心目中的唯一性。对现场情况的了解包括地形、植被、气候等;对使用者的了解包括历史、文化、生活习惯等;对利益团体的了解包括投资成本、收益、设计目标、设计动机等。诸多条件和因素推动着设计向更为明确、实施性更为合理的方向发展。只有这样,设计结果才能符合客观与主观要求,才能体现出相应的价值。

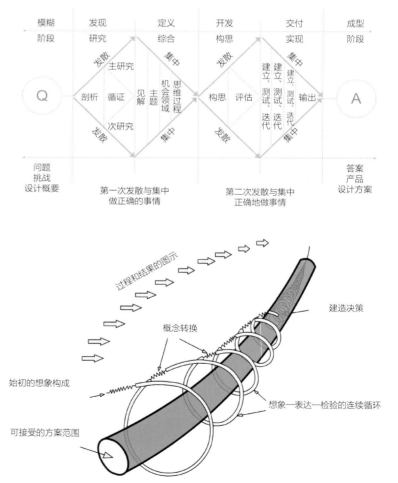

图 4-4 上图:双钻模型,设计是在发散与聚焦中不断清晰的过程;下图:设计方案不断确认的过程

三、环境设计的成果形式

一个环境设计项目从产生到完成，最重要和最关键的阶段在于设计的准备与形成时期。设计的价值直接体现在设计本身的智力资源和对项目未来分析评价上。这一阶段的成果形式也因项目类型的差异和设计者的观念以及能力的不同而更加多样化，归纳起来，主要有以下三种类型：

1.文本型

注重陈述设计的过程、工作的方法和解决问题的形式，是一种系统性很强的成果表述，强调事物的整体性，多用于城市规划与城市设计中，是纲领性、指导性的政策实施。（图4-5）

2.分析型

注重对事物的分析和理解。用图表剖析对象，在设计的成果中，形象、理性、解码式地对设计理由进行——呈现，具有很强的专门性。（图4-6）

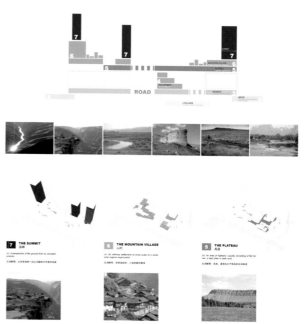

图4-5 华润重庆万象城文本

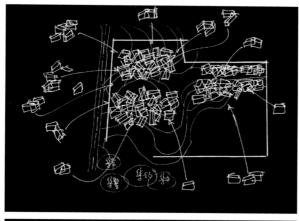

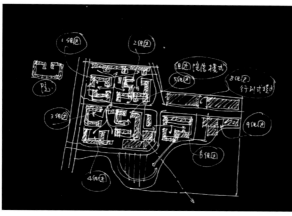

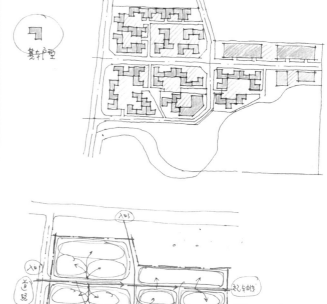

图4-6 分析型设计表达——合川新农村抗震民居设计（郝大鹏团队）

3.表现型

注重对事物未来形态的描述，细致地表达设计意象，强调设计前后的对比和设计的结果以及对未来的影响等，具有很强的预见性。（图4-7、图4-8）

设计工作最主要的阶段是设计的准备和形成期。以上三种设计成果在很多时候是互为补充的，是设计者脑力劳动的结果。

第二节　环境设计创作特征

一、功能特征

"功能"在《现代汉语词典》中有这样的解释："事物或方法所发挥的有利的作用；效能。"设计创作的过程中首先面临的问题就是设计对象所承载的功能，而在环境设计创作中，功能性的要求则显得尤为突出。原因是：任何一项环境设计事务，大到城市的区域规划，小到一个公共设施小品的构思设计，都会涉及大量人力物力以及社会各类资源的投入，由此反映出人们的主观意愿在现实生活中的投射。它直接反映了环境设计在现实生活中的价值，直接满足人的某种物质需求。那种脱离功能需求的形式主义作品往往禁不住社会和时间的双重考验。

功能来自需求，人们通过"环境与行为"的研究来探索行为机制与环境的关系，然后通过环境设计得以满足。理解人内在的种种需求就能深刻地理解功能的产生，了解特定环境与行为互相作用的规律，对学生学习环境设计可以起到指导作用。

事实证明，对功能性的研究越深入，设计特征的差别就明显，越是来源于生活的创作，越是具备实际功能上的内容。真正的功能是建立在人对环境的各种需求分析的基础上的，以此得出丰富的功能指向。我们可以从设计的角度把功能因素分为实用功能、认知（精神）功能和审美功能三个部分。

首先是实用功能。实用功能也称物质功能，它是通过设计物与人之间的物质和能量交换，直接满足人的某种物质需求、生理需求、心理需求、行为需求（图

图4-7 德国某事务所的表现型设计文本，图面生动、丰富、可读性强

图4-8 荷兰某设计事务所的设计文本，以鲜明的表现手段强调设计意图，具有很强的预见性

4-9）。环境设计的实用功能特征体现在：以设计来解决环境中存在的问题或实现某种功能需求；以设计来改进现实中存在的问题；以设计来丰富潜在需求。

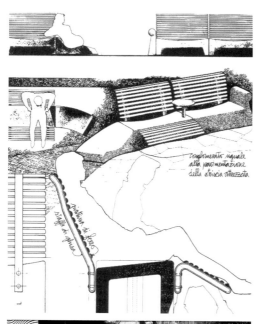

图 4-9 上图：物质功能与行为心理的满足；中图：现代小品实用与审美功能的综合体现；下图：波士顿社区中心景观广场临时装置设计，体现出功能至上的设计理念，抛弃浮夸，讲究设计的生活活力成效，在这个原则上注重审美趣味（SASAKI 集团设计）

其次是认知（精神）功能。通过视觉、触觉、听觉等感觉器官接受外界环境的各种刺激，形成整体知觉体验，从而产生相应的概念。传达出"设计意味着什么"的信息内涵，具有某种象征、隐喻或暗示功能，并且在使用过程中体现出社会意义、伦理观念等内容，它是象征符号形成和运用的结果，是对概念进行转化的过程，其中包含了对形式、理念、宗教、历史等概念的认知。（图 4-10）

最后是审美功能。让事物的内在和外在形式唤起人的审美感受，满足人的审美需求，是设计物与人之间相互关系的高级精神功能因素，包括形式美、意境美等，它贯穿于实用功能与精神功能的执行过程之中。（图 4-11）

二、整体特征

环境设计的整体特征，在实践中坚持从全局的角度去营造整体环境，这就是对环境的"整体意识"。

环境设计是对事物内部和外部各种复杂甚至相互矛盾的关系的设计，表现出来的设计成果是有机统一的，在创作过程中无不体现出设计师对整体的把握能力。英国杰出的建筑师、城市规划师 F. 吉伯德在《市镇设计》一书中将环境设计称为"整体的艺术"，他认为环境诸要素和谐地组合在一起时，会产生比这些要素简单之和更多的东西。美国 KPF 建筑事务所 W. 彼得森认为："无论一座建筑物作为一个单体有多美，

图 4-10 柯里亚作品，体现场所的历史精神

图 4-11 追求审美功能的建筑设计

但如果它在感觉上同所在的环境文脉格格不入，就不是一座好的建筑。"这里说的环境文脉不仅仅是现实环境的简单反映，更多的是指体量间的联系，道路格局的统一，开敞空间的呼应，与现有建筑的对话，材料、色彩和细部的和谐，以及天际轮廓线的协调与变化等。（图4-12）

因此，任何设计都不能孤立、局部地解决问题，而是要从整体考虑。设计师要做到"胸中有丘壑"，从容地面对各种问题，以保证设计的整体效果达到预期。设计师要具有综合性、前瞻性的眼光，从活动、意象、形式三个方面动态、有机地协调并控制设计的产生和发展。

我们看到，任何一个优秀的设计成果其实都包含着设计师对整体性的追求和把握。从观者的角度来讲，我们总是沉浸于舒适的环境之中，不知不觉被环境的某种氛围所感染，或是在空间的转换中被新形态所吸引，殊不知这些都源于设计师对整体性的思考。反之，不具备整体、统一特征的设计作品总是让观者缺乏认同感、归属感，找不到城市与时代和地域的继承关系。由此看出设计的整体性特征的重要性，任何一个环节处理不当，都会给人带来误解。虽然有时我们也会从主要问题或侧面问题入手，但终究都要落到对整体的考量上来（图4-13、图4-14）。整体性是每个设计师都要关注的问题，也是环境设计立足的根本。

三、时空特征

我们常说，环境设计是"四维"的，就是指它具有"空间＋时间"的四维表现特征，它主要强调时间和空间的不可分割性。虽然客观上空间限定是环境设

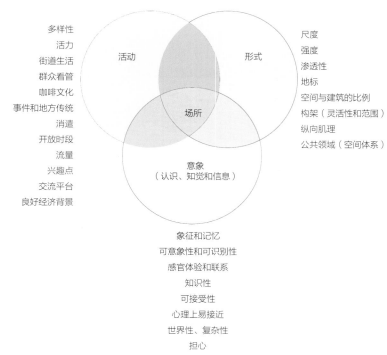

图 4-12 设计创作的不同方面

图 4-13 巴黎夏尔·戴高乐机场——设计的空间场所特征

图 4-14 香港中银大厦周围的城市公共空间设计——充分体现出外部环境与建筑之间的整体特征

计的基础要素，但如果没有以人的主观感受为主导的时间序列要素的穿针引线，环境设计就不可能存在。时间和空间是我们体验环境的基本框架，城市"不仅是空间中的场所，还是时间中上演的戏剧"。

我们先来理解空间与时间的关系：空间体现出物质存在的广延性，时间体现出物质运动过程的持续性和顺序性。空间是由边界来限定或由占主宰地位的主体形象统辖，无论是室内空间还是室外空间，设计师们都不遗余力地刻意追求、营造空间的广延性特性。因此，环境设计就是在空间中完成的艺术，对空间的重视程度是毋庸置疑的。同时，我们要认识到，空间序列在现实中表现为以不同的尺度与样式连续排列的形态，并且要经过长时间

的使用才能得到验证。因此，时间对于空间形态的实现完成具有重要意义。（图 4-15）

总结一下，环境设计的时间特征表现在以下三个方面：

首先，空间的延展要靠时间来实现。因此，环境设计的空间与时间的关系是并行、不可分割的。空间中的各类信息都是经过长时间的累积得到的，是动态的。这也是环境设计的魅力所在，设计的成果需要人经过一段时间的参与才能完成。

其次，任何一个设计都处于时代发展的某个节点上，都不可避免地表现出较长一段时期内的社会习俗、风土人情。并且，出于某种特定的需要，还要刻意去营造这样的特征，我们常说的"文脉"强调的就是文化在时间上的延续性。（图 4-16）

再次，环境设计的本身不是瞬间完成的，它是由一个甚至几个设计团队配合社会各方面的力量完成的。它的形成过程是动态连续的，需要经过一段时间完成。在未来的一段时期内，设计的意义由环境的真正使用者最终以某种生活形态来实现。

在这一时间链条上，要求设计者需具备长远的眼光：一方面要保持历史文脉的特征，体现时间的延续性；另一方面要与时俱进，不断探索时代发展对环境提出的要求。

四、审美特征

艺术作为一种特殊的社会意识形态和特殊的精神生产形态，以其审美的特点区别于宗教、哲学等意识形态，即它是以审美的方式认知世界、反映社会生活，并以审美的手段生产产品、创造精神成果。可以说，审美是一切艺术门类（如文学、美术、音乐、舞蹈、戏剧、摄影、电影等）区别于其他社会事物（如政治、法律、道德、哲学、宗教等）的共同特征。

审美是设计活动过程的参与者，也是设计作品的检验者，能体现出设计师的专业水平。

设计的目的在于为人们创造更为舒适、安全、高效的生活。审美作为一种主体对客体的反映形式，是文化的产物，是人类自我意识的感知，自我价值完善的情感表现。设计是否创造出了具有形式美感的作品以丰富人们的生活体验，这也是环境设计的核心价值之一。

然而与其他任何审美活动不同的是，环境设计的审美活动是在人的参与和体验中完成的。环境设计创作在审美上的考量具体表现在以下三个方面：

一是视觉上的审美：侧重于视觉上的愉悦，装饰性强。（图 4-17）

二是功能上的审美：发现新的功能，创造出使用价值。

三是精神上的审美：寄情喻物，折射出深刻的精神内涵，体现出与设计师在思想上的沟通。（图 4-18）

图 4-15 空间的序列特征

图 4-16 意大利罗马的新市政广场（阿尔多·罗西）

图 4-17 视觉审美——上海威斯汀酒店走廊壁饰

图 4-18 精神审美——建筑符号化的构造美

第三节　环境设计师的职责与修养

一、环境设计师的职责

在社会经济与文明不断发展的背景下，环境设计师肩负着处理自然环境与人工环境关系的重要职责。设计师手中的设计图纸深深地影响和改变着人们的生活，也体现了国家的文明与进步程度。因此，我们有必要确认环境设计师在社会生活中的位置及责任。

虽然环境设计的内容很广，从业人员的层次和分工差别也很大，但我们必须达成一个共识：我们到底在为社会、为国家、为人类做什么？是不断地生产垃圾，还是为人们做出正确的引导？是在现代社会光怪陆离的节奏中随波逐流，还是树起设计师责任的大旗？设计行业既充满诱惑又让人获得成就感，对人的潜意识影响深远。因此，我们要清醒地认识到设计对人类社会的重要意义，反对形式主义，抛弃虚荣心，做一个对社会、国家乃至全人类有贡献的人。我们必须给从教的老师和存在疑问的学生一个正确答案，虽然这些问题与设计的专业技能没有直接关系，却关系到了事物的本质。

首先，环境设计师要树立正确的设计观，也就是明确设计的出发点和最终目的，以最科学合理的手段为人类创造更便捷、优越、高品质的生活环境。无论在室内还是室外，无论是有形的还是无形的，环境设计师必须结合实际情况有目的、有计划地进行，以满足人的各种需求。在施工现场中，在与各种社会群体的交际中，在与类似案例的比较分析中，准确地诊断并发现问题，能够因势利导地指出设计发展的方向，创造出更多的设计附加值，给大众传递更为先进、合理、科学的设计理念。（图4-19）

其次，环境设计师还要树立科学的生态环境观念，这是设计师的基本职业素养之一。设计师有责任和义务引导项目的投资者并与之达成共识，引导他们珍视土地与能源，树立环保意识，要尽可能地倡导经济型、节约型、可持续发展的设计，而不是一味地追求经济利益和华丽的外表，这是当今社会经济发展的主流。从包豪斯倡导的设计改变社会到为可持续发展而默默奉献的设计机构，我们有必要从设计大师那里汲取相关经验，理解什么是真正的设计。

再次，设计师具有引导大众价值观的责任。用美的代替丑的，用真的代替假的，用善的代替恶的，这样的引导是非常有必要的。设计师的一句话也许会改变一条河、一块土地、一个区域的发展规划，这体现了设计师的重要作用。

二、环境设计师的修养

曾有戏言说："设计师是全才和通才。"他们既要有音乐家的浪漫、画家的想象，又要有数学家的严密、文学家的批判；既要有诗人的才情，又有思想家的谋略；既能博览群书，又能躬行实践；既是理想的缔造者，又是实现者。这些充分说明了设计师与众不同的职业特点。优秀的设计师要具备以下三个方面的修养：

图4-19 设计初期的价值设想

1. 文化修养

把设计师看成"全才""通才"的一个很重要的原因是设计师的文化修养。因为"文化"是环境设计的基本属性之一，它要求设计师要有广博的知识，把眼界和触觉延伸到社会的各个层面，敏锐地洞察和鉴别各种文化与社会现象，并将其与本专业结合。（图4-20）

设计师要通过不断的学习来提高自身修养，这是一个随着时间慢慢积累的显现过程。对于初学者而言，应该像海绵一样汲取知识，不可妄想一步登天。设计师能力的提升伴随着知识的不断积累、认识的不断加深。

2. 技能修养

技能修养指的是设计师不仅要具备"通才"的广度，更要具备"专才"的深度。

设计师对各种相关因素的综合权衡，并最终通过设计的形式表达出来，这一点区别于工程师和技师。"设计师应该有把功能和艺术格调（比例、敏感性、戏剧性特征以及和其他与'美'密切相关的因素等）组织起来的能力。"这里的技能不是指某个单一的技能，强调的是综合性的技能（图4-21）。我们可以看到，"环境设计"作为一个专业，具有综合性、整体性的特征。这个特征包含了环境意识和审美意识两个方面的内容。综合起来可以理解为，是一种对"美"的宏观把握，它的缺失，在中国近几十年突飞猛进的发展中表现得尤为明显。

图 4-20 意大利设计大师阿尔多·罗西的手稿体现出其深厚的文学功底与敏锐的观察力

图 4-21 "苹果社区"从规划到设计反映出的设计团队多专业综合素养

除了综合技能以外，设计师还需要在单一技能上具有优势，如手绘技能、软件技能、创意理念等。其中，手绘技能是设计师的基本功，因为从理念草图的勾勒到施工图纸的绘制都与绘画有着密切的关系。我们可以从设计绘图中分辨出设计师眼、脑、手的协调能力及职业水准。由于软件技术的飞速发展，导致很多学生甚至设计师萌生了手绘技能不重要了的念头，认为电脑能够替代手绘，这种认识是错误的。事实上，优秀的设计师历来都很重视手绘能力的提升，我们可以从一张张饱含创作灵感和激情的草稿中感受到作者深厚的绘画功底。（图 4-22）

3.道德修养

设计师不仅要有前瞻性的思维、强烈的使命感、深厚的专业技能，还要具备全面的道德修养。

道德修养包括专业性、责任感、诚信、尊重他人和创新意识等。有时候，我们总片面地认为道德内容是指向"为别人"，其实加强道德修养也是为我们自己。因为，道德修养高意味着具备健全的人格和正确的人生观与世界观，在从业过程中能以广博的胸襟看待问题，不被短期利益挟持，不患得患失，这样才能取得成功。

环境设计与生活息息相关，它要求设计师要具备全面的职业修养，不仅为环境，也为设计师自己。一个优秀的设计方案，不仅体现了设计师的聪明才智与健全的人格和对国家相关政策、社会需求的正确认知，还体现了他对世界的关注与对人生的正确解读。一个在道德修养方面有缺失的设计师是无法真正获得成功的，重视自身道德修养的提升是设计师职业生涯的重要一环。（图 4-23）

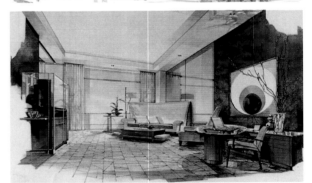

图 4-22 上图：以手绘表达为主的综合性设计成果（韦爽真）；中图：上海威斯汀酒店的室内设计手绘效果图；下图：环境设计手绘预想图（彭一刚）

图 4-23 城市广场公共空间

第四节　环境设计的评估标准

环境设计评估是指个人或群体以某种标准对设计成果做出的判断，评估的过程就是为其所做出的判断提供证据。

不同的是，设计原则是从宏观、整体和从人类发展的角度审视我们应遵守的价值观，而评估标准是在

特定时刻以某一特定的目的对具体设计做出判断，起到改进和指导设计的作用。

毋庸置疑，在进行环境设计时需要一个相对稳定的、被认可的、能够体现各方共同利益的评估体系。不同的国家、地区都有自己的检验设计水平高低、设计成果优良的评估体系。这与我们的价值取向有关，只有当评价者的价值观相近时，才可能做出一致的判断。并且，我们知道，各个国家、地区的文明程度不同，设计的评估标准也不可能完全一致，设计评估本身就是一个研究领域。我们应根据具体案例发生的地点、时间、条件等具体情况来制定评估标准，应带着客观、多元的眼光来看待相关标准。（表 4-2）

因为环境设计专业是一个综合性的学科，所以它的评估体系要借鉴相关领域的研究成果。在评估人工环境时，我们主要依据城市规划设计的评价方法；在评估自然环境时，主要依据景观设计的评价方法。

在城市设计领域，有两种类型的评价目标值得我们借鉴和参考：一是定量的评价目标，即对设计内容中的自然因素（包括气候、阳光、地理、水资源等）和三度形体的量度（包括容积率，建筑物后退、高度、体量）等内容进行测评；二是定性的评价目标，即对城市的美观、心理感受、效率等内容进行衡量。将这些目标与具体案例相结合可以产生出多样化的评估策略（图 4-24）。在景观设计领域，从主观经验模式出发进行评价：视觉经验，如形式美学；认知经验，如心理感知。客观机能模式的评价方法，即生态机能的分析：从生物恢复力、异质性、种群源的持久性和可达性、景观的开放性这四个方面来进行评估。

许多设计理论家对评估体系做了很多的研究，其中罗纳德·托马斯在《设计城市》一书中提到城市设计评价的六个准则：历史保护与城市更新、人的适居性、空间特征、土地综合运用、环境与文化的联系、建筑艺术与美学准则。

另外，城市设计的评价标准其实也可以运用于室内设计。值得注意的是，室内设计的评价更应该站在使用者的立场。例如，巴黎的拉法耶特百货商场的室内设计总体定位为巴黎旅游购物的必到场所，室内设

图4-24 生态空间格局的延续

表4-2 评估具体案例时所制定的评价清单

区位评价清单

对各供选居住区场地的分析比较

图例:

★严重局限
☆中度局限
△良好
▲很好

建议程序:

访问每一处场地和地点是很重要的。拍照比注记能更好地描述评价清单上符号所注的重要特征。

指标	1	2	3	4	5
区域					
气候（温度、降雨、风暴等）	★	△	△	☆	△
土壤（稳定性、肥力、厚度）	△	▲	△	★	△
水源供应和水质	☆	△	▲	★	△
经济（上升、稳定、衰退）	△	△	△	△	△
交通（公路和铁路）	★	△	△	★	▲
能源（易得性和相对成本）	☆	△	△	△	☆
景观特点	▲	▲	△	☆	△
文化设施	△	△	△	☆	☆
休闲设施	▲	▲	△	△	▲
就业机会	☆	☆	★	△	△
保健设施	△	☆	▲	△	△
主要缺陷（列出并描述）	☆	△	△	★	△
特别之处（列出并描述）	☆	▲	▲	☆	▲
社区					
旅行（上班，购物等所需时间、距离）	★	☆	△	△	★
旅行体验（愉快或不悦）	△	△	△	☆	△
社区环境氛围（1）	△	▲	☆	★	△
学校	△	▲	△	△	△
商店	△	▲	△	☆	△
教堂	△	△	☆	△	☆
文化设施（图书馆、讲堂）	△	△	△	☆	△
公共服务（消防、保安等）	△	△	△	★	△
安全保障	★	△	△	★	△
医疗设施	△	☆	★	☆	△
管理	△	△	△	★	☆
税收	△	☆	△	△	△
主要缺陷（列出并描述）	△	△	☆	△	△
特别之处（列出并描述）	△	▲	△	△	△
邻里					
景观特点	△	▲	▲	☆	△
生活方式	☆	▲	△	★	△
建议用途的融洽性	△	▲	△	★	▲
交通（可达性、危险性、吸引性）	△	△	△	△	△
学校	☆	▲	△	☆	△
便利性（学校、服务等）	☆	△	☆	☆	▲

指标	1	2	3	4	5
公园、休闲地和开放空间	△	▲	△	☆	△
暴露程度（太阳、风、风暴、洪水）	△	△	☆	★	△
免受噪声、烟尘等的程度	△	▲	△	☆	△
公用设施（易得性和成本）	★	△	★	★	△
主要缺陷（列出并描述）	△	△	△	☆	☆
特别之处（列出并描述）	△	▲	△	☆	△
用地					
大小和形状（适宜性）	△	▲	△	★	△
从道路上所见之景	☆	▲	△	△	△
安全的出入口	☆	△	△	☆	▲
场地"感觉"	△	▲	▲	☆	▲
永久性的树林和植被	△	▲	△	★	△
清除杂草的需要	△	★	△	▲	△
地形和坡度	△	△	▲	▲	△
土壤（土质和厚度）	△	△	☆	△	▲
开挖土方及基础的相对造价	☆	☆	★	☆	△
场地排水	☆	▲	△	△	△
邻近建筑物（或缺乏）	△	△	△	☆	△
相邻用地	△	△	☆	★	△
与交通格局的联系	☆	▲	★	☆	△
置地和开发的相对成本	▲	☆	△	△	△
主要缺陷（列出并描述）	△	△	△	★	△
特别之处（列出并描述）	△	▲	△	★	△
建设场地					
地形对计划用途的适宜性	△	△	△	☆	△
道路的坡度	△	△	☆	△	△
入口车道处的视线距离	★	△	☆	★	△
对日照、风及微风的朝向	△	▲	△	☆	△
视景	△	▲	△	☆	▲
私密性	△	▲	△	△	△
免受噪声和强光的程度	▲	▲	☆	△	☆
临近用地的视觉影响	△	△	△	△	▲
对临近用地的视觉影响	△	△	△	★	▲
与公用设施的接近性	△	△	△	★	▲

计更倾向于对旅游心态的把握，保留了古典建筑室内设计的风格。（图4-25）

我们要明白目标和价值取向是设计的内驱力并贯穿设计的始终，设计成果的检验离不开预设的目标和评价标准。我们要时刻关注社会相关领域的发展，在执行具体项目时将其作为重要参考。

随着民主化程度的提高和各方参与意识的增强，环境设计评估的过程还要强调公众的参与度，这是一个很重要的平衡设计与现实矛盾的契机。应改变单方面依靠学者、领导的意志来决定的"自上而下"评估方式，应更多地听取公众的声音。

我国的环境设计评估体系还未达到制度化的水平，我们可以借鉴纽约城市设计审议流程（图4-26）。

图 4-25 法国巴黎的拉法耶特百货商场

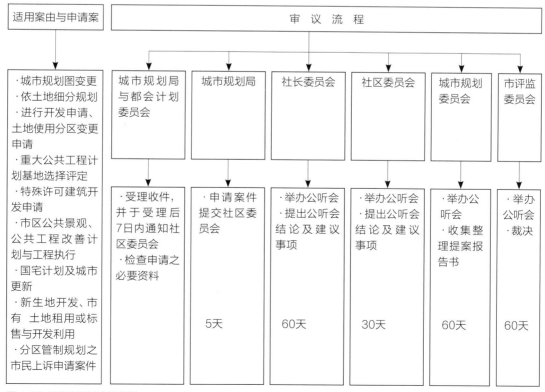

图 4-26 纽约市设计审议流程

本章小结：

1. 主要概念与观念

本章主要介绍设计事务实践的相关概况，其中以设计事务的创作特征和设计师应具备的修养为重点，对工作现场的描述具备很强的实践性特征。

在进行专业学习前，由于学生对未来的职业充满了好奇和期待，因此培养其正确的从业观是非常重要的。本章介绍了环境设计过程中可能面临的挑战，并就设计师的职责和修养阐明了观点。

2. 基本思考

（1）环境设计事务的生成过程是怎样的？

（2）环境设计的创作特征有哪些？

（3）环境设计师应具备怎样的职业素养？

3. 综合训练

（1）参观环境设计事务所，观摩设计工作现场并与设计师交流，了解完整的设计流程。

（2）观摩一个环境设计案例的形成过程，并尝试设计一个小场景，从中体会设计师应具有的职业素养。

4.知识拓展

（1）概念延展：体验经济、土地经济、空间美学。

（2）实践延展：服务设计、城市更新、乡村振兴等实践领域。

5

环境设计教育

5 环境设计教育

第一节 环境设计学科的发展过程

一、环境设计学科的创立

当代，新学科的创立已不再是一件新鲜的事情。在传统学科的基础上，新的交叉学科层出不穷，但是从严肃的学科建制上来讲，任何新学科的创立和出现，都是主客观呼应的结果，因此我们要从主客观两个方面进行对照分析。

环境设计在人类物质财富急速增加造成环境破坏的背景下产生，这迫使人类开始真正关心环境：从使用的角度要求全方位地提升硬件设施水平；从艺术的角度要求提升审美品位；从自然的角度要求更符合可持续发展战略；从人的角度要求更加人性化。另外，还要考虑怎样通过设计来影响人的消费行为。综上所述，经济水平的提高促使人们对高品质生活的追求和生态环保意识的觉醒以及导致商业团体的催化作用，这三大动因形成了环境设计学科存在的客观条件。（图5-1）

我们再来看看能否形成完整的学科体系的主观因素。经过半个多世纪的日趋完善，设计教育体系日渐明朗，环境设计也在其中找到了自己的位置与发展方向，逐步发展为以整合生态（环境）设计、智能（空间）设计、服务（体验）设计三大目标的专业体系。从20世纪80年代到21世纪初，环境设计经过了融合、整理的发展过程，现在已经具备了学科体系的基本框架，形成了完整的学科体系。（图5-2）

二、环境设计学科的发展

谈到环境设计学科，不得不回到"环境艺术"这个名称上来。最早，由时任中国美术学院的吴家骅教授挂帅，准备在中国美术学院创立室内设计专业，但在寻找归口部门时遇到了困难，文化部（现文化和旅游部）认为是为建设部（现住房和城乡建设部）培养人才，应归建设部管，而建设部觉得学校属于文化部，应归文化部管。一时间，新学科面临尴尬境地。为了找到一个合适的解决办法，吴家骅从当时的城乡建设环境保护的名头中，取了"环境"两个字，在文化部的学术范畴中，取了"艺术"两个字，把这个专业改成了"环境艺术"。基于以上内容，我们认为"环境设计是一个研究构建人类生活空间的既古老又年轻的综合性、实践性学科，它以现代营造技术为手段，以永恒的自然生存法则和人类不断提升的审美价值观来重构我们的生存环境，将自然生态和建筑环境融为一个互相依存、不可分割的整体，从而彰显出环境艺术的整体力度。"

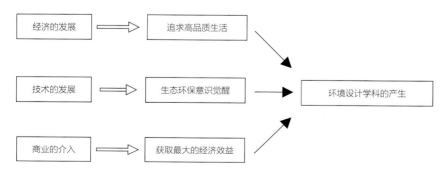

图5-1 环境设计学科存在的客观条件

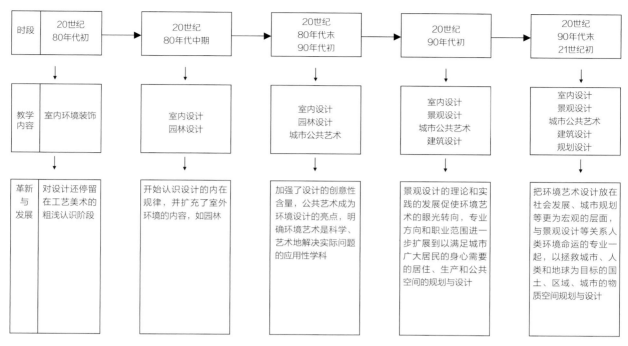

时段	20世纪80年代初	20世纪80年代中期	20世纪80年代末90年代初	20世纪90年代初	20世纪90年代末21世纪初
教学内容	室内环境装饰	室内设计 园林设计	室内设计 园林设计 城市公共艺术	室内设计 景观设计 城市公共艺术 建筑设计	室内设计 景观设计 城市公共艺术 建筑设计 规划设计
革新与发展	对设计还停留在工艺美术的粗浅认识阶段	开始认识设计的内在规律,并扩充了室外环境的内容,如园林	加强了设计的创意性含量,公共艺术成为环境设计的亮点,明确环境艺术是科学、艺术地解决实际问题的应用性学科	景观设计的理论和实践的发展促使环境艺术的眼光转向,专业方向和职业范围进一步扩展到以满足城市广大居民的身心需要的居住、生产和公共空间的规划与设计	把环境艺术设计放在社会发展、城市规划等更为宏观的层面,与景观设计等关系人类环境命运的专业一起,以拯救城市、人类和地球为目标的国土、区域、城市的物质空间规划与设计

图 5-2 环境设计学科的发展过程

20 世纪 80 年代,浙江美术学院(现中国美术学院)恢复了艺术教育,当时室内设计被视为工艺美术类型的建筑装饰学科,被纳入艺术设计教育的范畴。但是,这样的归类显然不符合客观事实,因为室内设计不仅仅涉及"艺术形式"或"艺术感觉"的问题,还涉及环境的质量问题。后来在文化部教育司和建设部设计司的支持下,发展成立了"环境艺术系"。

环境艺术专业在中国的发展速度之快,令人咋舌。吴家骅先生在《现代设计大系:环境艺术设计》中回顾道:从第一批环境艺术专业的毕业生开始到各艺术院校广泛开设环境艺术设计教育,在短短的十几年时间里,由于 1999 年教育扩招政策的实施,非艺术院校的各大理、工、农科院校也纷纷开设环境艺术设计专业的相关课程。

第二节　环境设计专业的教学体系

一、人才培养计划与课程设置

1. 人才模式定位

专业课程是为培养专门的人才而设立的,每所院校根据不同的办学理念和不同的人才培养模式,课程设置的模式也有所不同(表 5-1)。有的院校侧重于研究型人才的培养,有的院校侧重于实用型人才的培养,有的院校理论与实践并重,有的院校侧重高素质设计师的培养,而有的院校则把人才培养目标锁定在培养针对市场需求的职业化技师方面(图 5-3 至图 5-5)。

现阶段,环境设计发展势头强劲,各大专业院校利用自身所处的地域优势、文化背景,结合国家、国际时代性的主流意识,纷纷出台了各自的人才培养目标。以四川美术学院为例,立足于西南,放眼国内,环境设计专业在契合学校人才培养总目标的基础上,提出本专业人才培养目标:培养具有专业能力、实践能力、创新能力,能够从事城乡景观规划、园林景观、

图 5-3 东南大学建筑设计课教室

图 5-4 法国图卢兹天主教学院工艺美术学院低年级设计课教室

图 5-5 哈佛大学建筑与景观设计学院的设计课教室

建筑环境室内外设计等领域的设计工作或胜任独立设计师的高素质创新型艺术设计专门人才。其中，专业能力培养学生系统掌握环境设计的理论与知识、技术与程序、工具与方法；具备从事环境设计的专业能力；实践能力培养学生具备应对环境设计的分析归纳、思辨表达、交流沟通、团队协作、资源整合、组织与管理能力；创新能力培养学生具备环境设计与时代发展相关联的宏观意识和广阔视野，关注国内外学科发展趋势和技术迭代，能及时进行知识结构调整和正确应对技术进步。

2.课程设置定位

一个健全的教学体系必须以其在对象和目标上的明确性来限定教学过程中的内容与必修课程之间的逻辑关系以及在相应方面的灵活性。就环境艺术专业而言，它将对该专业的认识基础、艺术基础和设计基础的教学内容、方法以及三者之间的相互关系产生有效的制约。

（1）认识基础：对职业责任的理解、对理论与实践的掌握、对设计技能与实际工作之间关系的把握和了解设计哲理产生的缘由，以及对人类生存条件与生活方式的思考。

（2）艺术基础：感性与理性、摹写与创造、共性与个性、质量与效率。培养学生感性形象思维。

（3）设计基础：营造的艺术、营造的技术、界面的外延、界面的内涵以及设计的综合能力。培养学生理性逻辑思维。

虽然培养的目标不同，但都离不开人才培养的能力定位与研究。以景观设计为例，从设计扩展到研究、监工、维护的人才能力，在教学上的定位非常清晰。（图5-6）

表5-1 专业院校的景观设计专业类型比较

类型	学科环境	学科特色与学科伦理	举例
类型一 文理型	设在人文学院或建筑规划及环境设计学院	文化表达+设计学分析+生态	克拉姆森大学
类型二 园艺型	设在农学院，由植物学、土壤学、园艺学等传统基础学科发展到自然及环境资源方向的研究	植物学、园艺、生态等学科应用+设计	华盛顿州立大学 普渡大学
类型三 艺术创造型	设在艺术院校，或脱胎于艺术院系，与绘画、雕塑等为伴	艺术创造+生态	罗德岛设计学院 宾夕法尼亚大学设计学院
类型四 综合型	设在文、理、艺兼备的综合院校	整合文化、综合分析、艺术创造与生态及地理学科应用	哈佛大学

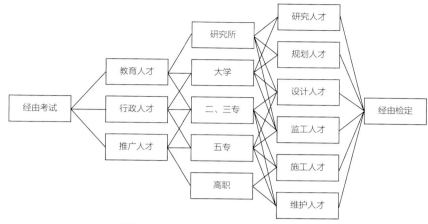

图 5-6 中国台湾地区景观教育的专长体系图

图 5-7 建筑设计初步（巴黎高等美术学院）

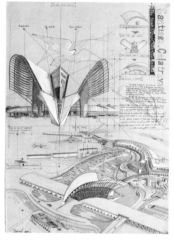

图 5-8 手绘表现

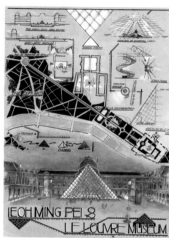

图 5-9 设计思维表达

环境设计专业人才必须具备全面的设计理论、创造性的设计思维、高超的技能技术。因此，专业课程需根据这三个方面的内容进行设置，从而产生专业理论基础、专业技能基础与专业设计基础三种类型的课程。（注：公共部分是指环境设计专业各子方向的公共基础课程）

虽然课程设置的种类与分量有所不同，但认识、艺术、设计这三类基础课程在各个专业方向都应得到具体的体现和运用。

①专业理论基础。

公共部分：设计概论、设计艺术史、设计心理学、设计美学。

专业部分：环境设计概论、环境行为、城市规划原理、设计方法与程序。

专业理论课培养目标是建立学生的认识基础，培养专业认知能力，并且从中树立正确价值观、伦理观。

②专业技能基础。

公共部分：素描、色彩、速写、综合构成、透视原理、场景描绘、画法几何与制图基础、设计考察、软件应用。

专业部分：场地测量、建筑设计、设计理念表达、植栽技术、人体工程学、工程技术与科学、材料与构造、施工图设计、模型与设计。

专业技能课主要定位于操作层面的培养，即使某学生不能胜任职场中综合性的工作，也能作为技术型人才担任相应的职位。经过以上课程的训练，学生已经具备了专业技能的基础知识，能理解、判断和完成老师交给他的工作任务。该类型课程的目的是单纯的，内容是单项的，为学生进入高层次的学习做好了技术层面的铺垫。（图 5-7 至图 5-10）

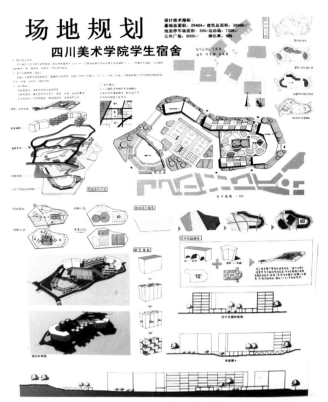

图 5-11 场地规划与设计

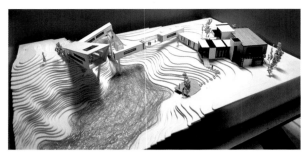

图 5-10 模型制作

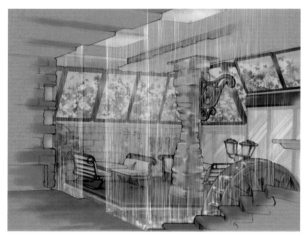

图 5-12 室内空间设计

③专业设计基础。

各类型场地设计，如城市广场、公园设计等（图5-11）；各类型空间设计，如办公空间、居住空间等（图5-12）；各类型的专题研究，如生态专题等；公共艺术设计（图5-13）。

"专业设计基础"是景观设计的综合训练课程，结合相关设计课程，培养学生的综合分析能力、表达能力、创造力，传授自然、工程、历史学科等相关知识。在建筑、城市规划设计专业的参与下，使各专业之间产生广泛的联系。专业设计课采取给定典型的假定条件，或者结合实际场地，培养学生的观察力、感知力、想象力发现及解决问题的能力，提高设计技巧与设计表达技能。

从教学目标和实施原则的角度来看，可以这样设置课程（以四年制为例）：

一年级重视造型及创造能力的培养，加强手绘训练和视觉训练。

二年级重视分析问题及表达能力的培养。采用长短课题相结合的方式，老师也可以在单一课题中，发挥主观能动性，提出不同的训练要求设计不同的思路，使学生掌握不同的思考方法。

三年级重视计划、分析及独立研究能力的培养。通过相互联系的课题开展主题训练，教师的引导作用在前期较为突出，后期则以学生为主导，以独立完成任务。提高对空间功能的理解（建筑与空间、场所与空间的互动关系）、文脉观念的塑造（在环境中融入文脉观念的方法，理解场所的文化意识和历史积淀）、建构技术的掌握（理解技术因素并将其转化为设计中的有用素材）等专业核心技能。

四年级重视系统评论及分组研究能力的培养。确立研究性、时效性强的课题，建立工作室，由副教授或教授带助教完成项目跟踪，鼓励学生进行独立思考。（图5-14至图5-16）

综上所述，这三类课程指明了专业领域人才的培养方向，但是这只是对学生最基本的能力的培养。以上三个方面仍无法改变设计专业边缘性学科的本质，需要使用辅助手段来补充相关的知识内容，这是由环境设计的广延性决定的。根据不同的专业方向和不同

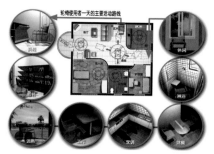

图 5-13 无障碍设计

1.小区主要出入口
2.小区次要出入口
3.地下停车场出入口
4.镜湖
5.叠水
6.入口广场
7.儿童游乐区
8.观景庭院
9.入户景观空间
10.运动区
11.坡地林荫道
12.休闲广场
13.喷泉花园
14.私密花园
15.聚会合院
16.疏林草坡
17.花园广场
18.滨水步道
19.小广场
20.叠水花园
21.叠水小景
22.休闲平台
23.秘密花园
24.休闲亭廊
25.坡地花园

图 5-14 居住小区景观设计

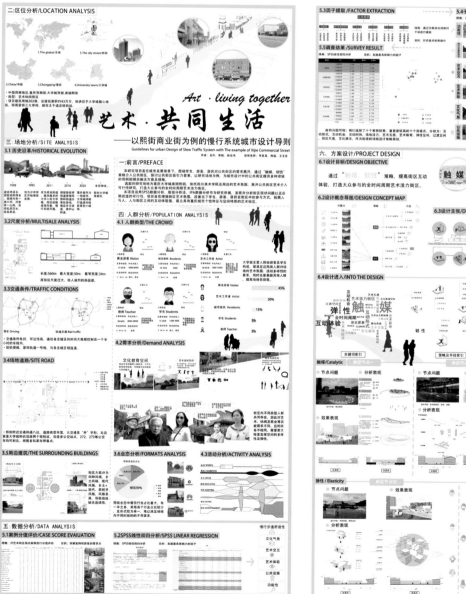

图 5-15A、图 5-15B 城市更新设计 1

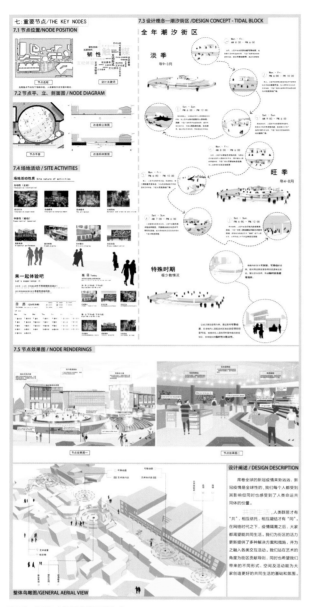

图 5-15C 城市更新设计 2

图 5-16 滨水空间设计

E. 设计哲学：设计逻辑学、设计伦理学、设计价值论、设计辩证法；

F. 设计教育学：有关教学思想、设计教学模式的研究。

总的看来，设计教育特别是环境设计教育必须要针对人才培养的层次和目标进行定位，课程设置要体现能力构架和具有针对性的教学梯队，找到课程间的衔接关系。在具体教学课程设计方面，要考虑三个方面能力的相互穿插和配合。例如，前期的技能基础也涉及与设计方法相关的内容，而后期各类型的场地设计中又会涉及技能基础，教学过程中要注意这种相辅相成的关系，从而把握好课程的重难点。

二、理论与实践相结合

面向世界科技前沿、面向经济主战场、面向国家重大需求、面向人民生命健康，未来的设计教育将更加包容、多元。在智能化时代，教育会更加尊重人的感知与直觉，人的主观能动性更高，更加注重创造力的培养，在不同的应用"层级"和场景中细分专业。以问题与需求为导向，在大设计通识的基础上，更加精准地整合域内专业知识，然后腾挪到其他交叉领域，在与一线企业的联合创新中求发展。（图 5-17）

层次的人才定位，建议学生通过选修或自学的方式学习以下内容：

A. 设计现象学：设计史、设计分类学、设计经济学；

B. 设计心理学：设计思维、设计心理学；

C. 设计行为学：设计方法学、设计能力研究、设计程序与组织管理、设计建模；

D. 设计美学：设计技巧、设计艺术、设计审美、形态艺术；

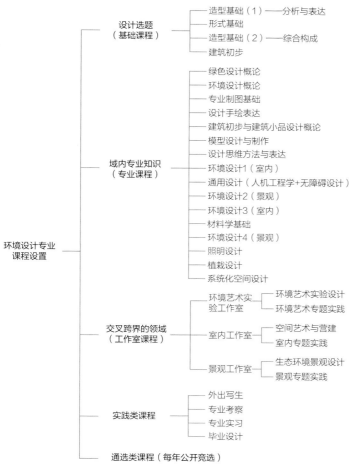

图 5-17 环境设计专业课程设置

图 5-18 上图：日本槙文彦建筑事务所；下图：美国费城欧林景观规划设计事务所

三、专业能力培养和素质教育

我们生活在一个数字化时代，即以数字技术、数字媒体、网络和互联网为主要交流、购物、运动平台的时代，一个人在数字领域的经验、知识和技能的总和构成了他的能力模型。在这个时代背景下，以能力为导向的环境设计专业的能力模型，主要包括以下 8 个方面。

1.设计思维能力（创意思维能力）

主要包括解决问题的能力、创新能力、系统思维能力、逻辑思维能力等，在解决各种问题的基础上设计出符合需求的方案。环境设计专业主要培养创新和独特的设计思维能力，能够从不同的角度思考设计问题，并提供多种解决方案。同时，需要具备开放、包容、灵活的思维方式，能够融会贯通，将不同领域的创意融入设计中。

2.美学表现能力

主要包括形式、色彩、构图、空间表现能力等，能够通过各种媒介表达设计思想，呈现出美学价值。通过对色彩、材质、空间、形态等元素的运用，打造出具有美感和艺术感的环境设计作品。设计师需要具备较高的审美能力和敏锐的观察力，从而捕捉到客户和用户的需求，并将其应用到具体的设计方案中。

3.技术应用能力

主要包括软件和材料应用能力、手工技能等，能够熟练运用各种工具和技术手段，助推设计方案的实施。能够运用人工智能技术和数据分析方法进行设计，不断拓展人工智能技术在设计中的应用。同时，还需要遵守法律法规，掌握相关的规范、标准，保证设计方案的顺利实施。

4.跨学科交叉能力

主要包括人文艺术素养、自然和社会科学素养等，能够与其他学科进行交叉融合，开阔设计思路，创造出更具创新性的设计方案。跨学科综合素养，涉及艺术、科技、工程、建筑等领域，学生应该具备跨学科综合素养，能够对不同领域的知识和技能进行整合，实现更加综合化和复杂的设计方案。

5.团队合作能力

主要包括沟通能力、领导能力、组织协调能力等，能够与团队成员团结合作，完成设计项目。在现代艺术设计领域，团队协作是非常重要的，学生通过与其他设计师、工程师、制造商等不同领域的合作，共同完成设计任务。

6.艺术创新能力

学生应该具备创新思维和独立思考问题的能力，注重独特性和个性化创作，积极尝试新的艺术形式和技术手段，不断探索和开拓艺术创新的边界。

7.艺术设计实践能力

学生应该具备实际操作和实践的能力，通过积累大量的实践经验，深入理解艺术的设计过程和发展规律，熟练掌握各种艺术设计技术和工具，实现艺术设计的实际应用。

8.人（用户）体验能力

环境设计要以人（用户）为中心，关注人（用户）的需求和体验，为用户打造一个舒适、安全、便捷、美观的环境空间。设计师需要具备用户研究和测试的能力，能够及时收集用户反馈并不断改进设计方案。（图 5-18）

前面谈的是环境设计教育中能力培养的问题。作为一名教育工作者，必须要面对市场的考验，大学教育的本质是解决就业。遇到经济不景气出现恶性竞争怎么办？我们的环境已经不堪重负，资源萎缩又怎么办？面对一双双求知的眼睛，到底什么样的讲台才是他们最需要的？答案是：素质培养。

除了具备相关技能以外，我们还需要具备健全的人格和强健的体魄，具备社会良知和高尚情操。大学教育的核心理念是培养勇于追求真理的"大学人"，培养有独立自主人格和对社会、国家有责任感的人。我们采用一切方式，给予学生专业知识，从而培养出知识储备丰富的人才，而更深层次

图 5-19 设计过程中多种能力的培养

的目的是树立青年人正确的人生价值观。

多年的教学实践让我深深地体会到，设计类学科在人才培养方面具有其他学科无法比拟的优势：它能通过设计的条件性、客观性培养学生实事求是的工作态度，工程的规范性培养学生严谨的工作作风，设计的创意性培养学生独特的个性和思维，设计的现场性培养学生吃苦耐劳的精神，小组合作培养学生的沟通与团队合作能力与奉献精神，在不断地被推翻与被否定的过程培养学生坚韧不拔的敬业精神，在项目的曲折进程中学会等待，在关于价值核心问题上学会坚持。（图 5-19）

第三节　环境设计的教学方法

一、教学思想

传统设计教育是在对结果的追寻上展开的，培养的是模仿能力。而现代设计教育则是围绕设计过程展开的，培养的是分析和创新能力。前者加强了对设计结果产生机制的理解，对培养学生的理解和判断能力具有优势，而后者则强调了设计产生、发展、生成的动态过程，注重学生理性分析和解决问题能力的培养。在思维的训练上，后者能最大限度地开发学生的多向思维能力，强调设计

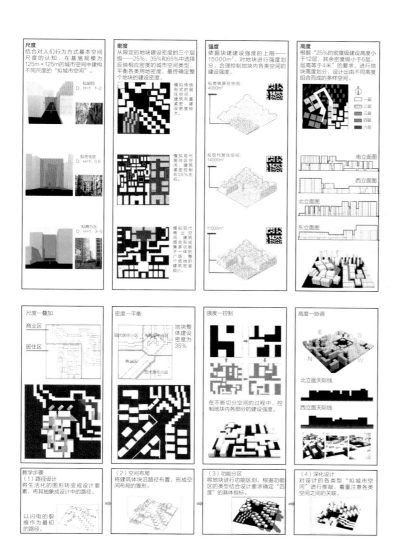

四度空间（教学载体设计：范霄鹏）

图 5-20 理性、客观的教学设计

开放性的教学思想：引入实际项目和设计个体案例，使教学与市场、产业联系得更加紧密，改变学生纸上谈兵、孤芳自赏的现象，掌握动态、整体的思维方法。

刚柔并济的教学进程：老师要清楚教学中必须解决的问题和基本学习要求，使学生在掌握基本概念的同时，对同类案例进行比较与借鉴。

灵活弹性的评估标准：在教学目标的指导下，针对学生的能力特点以及领悟力，对教学成果给出合理公正的评价。

二、教学方法

设计教学一定要研究教学方法，因为其所涉及的内容相当庞杂，与人的思维、个性以及时代、文化等有着密切的联系。方法论与人的世界观相统一，一定的世界观决定了一定的方法论，当人们以一定的世界观为指导去认识和改造事物时，这就是方法论。人们要改造事物首先必须认识事物的客观发展规律，了解事物在发展演变过程所建立的某种联系。

在技能的培养上，设计教育应以建立起学生正确的学习方法，即观察方法、思维方法、表述方法等为目标，这是动态的、尊重人个性发展的教育，照本宣科、填鸭式的方法不适合设计学科的教学规律。

国内大部分环境设计教学都是在专业美术院校或综合院校的艺术专业和理工科院校中开展的。艺术院校学生的思维具有发散性特点，导致环境设计教育在理性分析和尊重设计的客观性方面一直较为薄弱。这类院校长期忽视对设计理性思维的培养，而是把重点放在设计表现的创新上。设计教育存在很大的随

结果的多样性，更符合现代设计的发展趋势，体现了现代设计的内涵。

长期的设计实践告诉我们，因为事物受多种因素的影响与制约，特别是环境设计专业不仅受到经济、地理、历史、文化学科的影响，也受国家相关政策和法律法规以及诸多利益群体（业主、管理者、消费者等）的制约，任何一个设计成果都是在有条件、有计划、有目标的背景下展开的。那么，设计教育理应顺应并体现这样的设计原理（图 5-20）。传统单向式的教学方法必须向双向式的教学方法转变，刚性的教学量化指标与弹性的教学过程相得益彰，给予学生充分的空间来享受和理解设计生成的过程，这样才能很好地与设计事务及社会对接。注重对理论的现实体验和对工作方式的实践体验是教学思想的核心。

综上所述，归纳出以下几个的环境设计教育原则：

图 5-21 中国美术学院的教学实验（2017）

意性，这导致学生在社会实践中感到对设计的可实施性不高、建设性价值不高等。理工科院校长期受理工类教学体系的影响，重视技能和理性思维训练，但在创意思维与审美思维方面比较薄弱。在作品中怎样既充分发挥艺术类院校教学的创意思维能力，又能具备理工科学院的理性思维，解决这一问题的根本在于思维方法，即理解和解决问题的评判性思维方法。设计教育的方法特点应体现在以下 3 个方面：

1.注重对理论的现实体验

理论是指导实践的认识基础，强调设计理论在设计教育中的深远意义。现今，大学生素质教育的盲点是思维上的浅薄和苍白，不重视历史、思想和现实问题，不关心社会，眼界狭窄。然而要改变这些，仅靠图纸上的操练是不够的，还要经过踏实的理论学习来提升理论修养才能形成，这对专业认识和人生观的形成都很有益处。

2.注重工作方式的实践体验

设计艺术是一个实用性学科，这决定了它的实践性的特点。学生愿意跟随老师在具体的案例操练中学习，这如同早期的作坊学徒制。留出大量时间让学生

实践是设计教育的一大特色，设立工作室或者建立工作室制度是设计教学的必然趋势。

工作室为学生提供自主学习的平台，开设针对性很强的专业实践课，或是直接参与实际课题，培养学生独立思考、自主获得知识和信息的能力，培养学生的创造力，培养学生的竞争意识和团队协作能力，培养学生的社会实践能力和适应能力。（图 5-21）

大学教育是学生理性思辨、价值塑造、汲取知识的奠基石，而用人单位则是青年蜕变、成长的加速器。因此，在教学中，我们不能忽视设计与社会的联系，不能让设计教学与社会实践脱节。

3. 注重工作过程的辩证体验

实践证明，教学活动中总是贯穿着"严谨—松弛""限制—鼓励""刚性要求—弹性结果"等诸多矛盾。老师在整个教学活动中是导演、是演员，同时也是观众，是学生在专业领域中接触的第一面镜子。老师在教学过程中体现出来的职业素养直接影响学生的成长，"十年树木，百年树人"，设计教育充满了挑战。

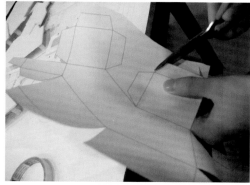

图 5-22 场地规划课的模型推敲

图 5-23 法国图卢兹天主教学院工艺美术学院师生教学小组讨论

三、教学手段

教学实践中，环境设计的教学主要有以下 6 种手段：

1.模仿训练

模仿训练是一种传统的设计教学方式，主要侧重于对规范的了解，通过日常的作业树立规范意识。

2.思维训练

思维训练是设计教学的重点，因为解决问题的根本在于思维方法，即理解和解决问题的评判性的思维方法。究其根本，设计就是把包括成本和结果在内所有起作用的要素关联成一个综合体的过程。思维训练是设计主干课的主要任务。

思维训练主要包含四个方面的内容：

（1）逻辑的思维——推导。

（2）发散的思维——联想。

（3）形象的思维——形态。

（4）抽象的思维——概念。

在教学过程中，要不断对这四种思维方式进行反复研究，这是一名设计师应具备的最基础的能力。（图 5-22）

3.小组研讨

教学中，通常是在高年级时段插入专项课题训练，组织学生自己查阅相关资料并形成观点，并在讨论中交换意见，增加信息量的同时训练表达能力。

在高年级的小组研讨中，教师要有意识地训练学生的控制能力和组织能力。（图 5-23）

4.游历考察

通过对社会、现场各种现状的信息、资料的整体考察和观摩，培养学生分析问题的能力和理解能力，例如通过列表分析形成考察总结。

5. 专题讲座

通过专题拓宽专业视野，形成专业知识在横向层面的展开和纵向层面的探索。

6. PBL工作坊

基于问题学习（problem- based learning，简称PBL），是把学习放在真实的、复杂的问题情景中，通过学习者的自主探究和合作讨论来解决问题，从而深刻理解隐含在问题背后的知识，形成解决问题和自主学习的能力。由于设计领域更强调项目实战中的问题导向，以此衍生了设计界的PBL工作坊式教学，即在一个真实项目中，老师与学生共同发现一个核心的关键问题，再一起共同为解决这个问题的设计教学手段。

本章小结：

1. 主要概念与观念

本章通过对设计教学思想、方法、手段的探讨，来触及学生和老师最关心的能力培养问题，有助于学生在学习过程中更好地理解老师的用意，同时给备课老师提供全方位的参考。

本章讨论了教育定位问题，即人才模式的问题。各大院校的培养目标各不相同，培养方案、要求和教学方法也不尽相同。由此，引出教学的核心问题——对人才能力素质培养问题的重视。

此外，本章作者针对设计的理论课、工作室等话题阐明了观点。

2. 基本思考

（1）环境设计的学科创立和发展过程是怎样的？
（2）怎样理解环境设计的教学体系和教学方法？
（3）怎样看待我们应具备的专业能力？

3. 综合训练

课堂讨论教学方法，有条件的院校可相互交流教学经验，开展教学观摩会。

4.拓展阅读

（1）概念延展：工作坊教学、翻转课堂、虚拟教研室平台。
（2）实践延展：问题导向教学、互动式教学。

6

环境设计的未来

6   环境设计的未来

随着科技的进步，人类满载 20 世纪傲人的文明成果步入了 21 世纪，同时也带来了各种有待解决的现实问题。虽然社会发展迅速，但人类对真、善、美的追求从未改变，各个领域都呈现出多元化、交叉型的发展势态，综合着科学与艺术的设计领域更是如此，更体现出一个国家国民素质、文明程度的高低以及综合国力。有人预言：21 世纪是设计的世纪，这并不夸张。总结我们所走过的路，带着信心和期望去创造未来是我们最明智的举动。（图 6-1）

设计的每一次变革，都对应着社会的发展和社会需求的变化。在当今时代，经济、文化的全球化发展带来了数字化生存方式为代表的变革，特别是社会经济组织方式的扁平化和全球的可持续发展运动，使"环境"的概念有了新的内涵。

第一节   思想层面

一、可持续发展价值观

环境设计最终的目标是实现可持续发展，其核心概念就是创造符合生态环境良性循环规律的设计系统。"生态觉醒"浪潮是在思想层面对人类无节制泛滥的设计工程现状的反省。尊重自然、关注环境、创造健康的生活与消费方式成为当代设计界的一个热门话题。

图 6-1 北京土人景观规划设计研究所 用大自然自生长的语言做景观设计

不可再生的土地资源在人类无节制的欲望驱使下变得不堪重负，这已经是一个不争的事实。20 世纪 80 年代后期，国内的环境意识开始萌芽并逐步发展，然而由于缺乏系统的专业理论知识，以及决策层面与受众层面的修养和素质的片面性导致人工环境的发展仍是以自然环境的损耗为代价。

20 世纪后期，工业文明向生态文明的可持续发展思想在世界范围内得到共识，可持续发展思想逐渐成为各国发展决策的理论基础。许多设计师有意识地把"绿色技术"运用到设计中，倡导环保、卫生、节约型的设计发展观。（图 6-2）

21 世纪，我们还有很多工作要做，生态理论的系统归纳和创新、实践层面中不断应用和评估决策的倡导都有待我们去解决，只有抓住了生态、环境等要害问题才能在未来的较量中生存和发展。

如今，人们纷纷开始寻找良性发展之路，各国纷纷出台相关政策和法律法规以保护环境，实现可持续发展，并且探索出更符合人类、自然、社会和谐的创作模式。这种探索首先发生在建筑创作领域，随着麦

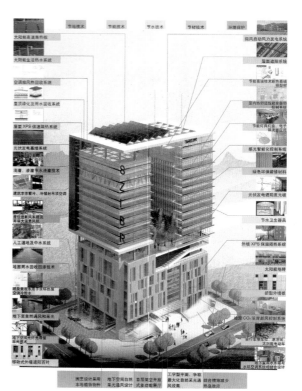

图 6-2 生态建筑的技术集成分析图

《绿色建筑评价标准》CB/T50378-2019：绿色建筑评价应遵循因地制宜的原则，结合建筑所在地域的气候、环境、资源、经济及文化等特点，对建筑全寿命周期内节能、节地、节水、节材、保护环境等性能进行综合评价。"四节一环保""设计评价与运行评价"

克哈格《设计结合自然》的出版，景观设计也步入了与生态和谐发展的轨道，并把景观设计提高到以生态途径解决人类环境危机方法论的高度。社会各界也针对城市规划、城市设计等关乎人类未来命运的决策型设计专业发展，从宏观层面提出了设想蓝图。

注：2015 年 9 月 25 日，联合国可持续发展峰会在纽约总部召开，联合国 193 个成员国在峰会上正式通过 17 个可持续发展目标。（图 6-3）

二、地域特色的传承

在国际化市场和区域经济的共同作用下，先进形式和技术的借鉴使环境设计呈现出风格趋同的特点。城市面貌的模糊、趋同，产生城市形象的"特色危机"，人们内心渴望拥有自己的城市特色。由于人类有从历史文化中追根溯源的天性，在业内运用环境设计整体的、文脉的、个性化设计宗旨来建设城市，以增强城市向心力和凝聚力的呼声越来越高。生产力发展水平高、文明先进的城市建设更是注重这方面的要求（图 6-4、图 6-5）。

图 6-3 联合国可持续发展峰会通过的 17 个可持续发展目标（2015）

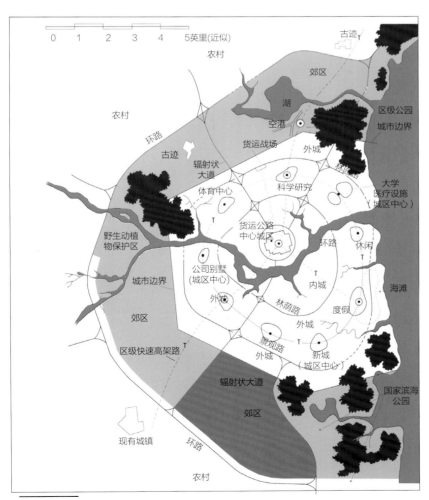

21世纪的城市。
一个分期实施的开发、再开发及更新的城市远期概念规划模式。
这是一个典型城市化地区的概念规划或模型。从图中可见，规划保留、保存（保护）了优势地形特征中的最佳部分。开发区域、联系路径与自然景观框架非常协调。（假设规划。资料来源约翰·奥姆斯比·西蒙兹的《21世纪园林城市》216页。

图 6-5 21 世纪城市规划设想

建筑外立面

可调节式窗户细节

图 6-4 法国密特朗国家图书馆

图 6-6 荷兰阿姆斯特丹的街景

图 6-7 社区活力研讨课题

图 6-8 巴黎街头的建筑立面保护

图 6-9A 整合地域元素的室内设计

拥有特色优美的城市景观、高品质的城市公共空间，加强对古城的维护修缮是未来城市建设的重点。（图 6-6 至图 6-8）

所谓建筑的地域特色或者说建筑的地方特色、地区特色，是指一定区域内多数建筑的总体风格特征，这种风格特征为该区域建筑所特有且区别于其他区域的建筑。作为一种建筑思潮，它包含了各种不同价值观念和审美取向的建筑思想或倾向，其主张在建筑中保持地域特色，并主动地以各种手段去表达这种地域特色。地域性是指建造活动与地域之间存在相互依存的关系；地域性更多地来自建设者的文化自觉，而不仅仅是依存于物质因素（图 6-9）；地域性是设计的一个基本属性，建筑应该由内而外地表现出更本质、更内在的地域性特征（图 6-10）。

从 20 世纪 50 年代的自发到 20 世纪 80 年代的追求，再到 20 世纪末的内在自觉，在地域特色方面建筑师开始以冷静、理智的态度关注建筑与所在地区的地域性关联，自觉寻求环境设计与地域的自然环境、建筑环境在形式层面、技术层面和艺术层面上结合。

图 6-9B 乡土文化情怀在环境设计中的复兴

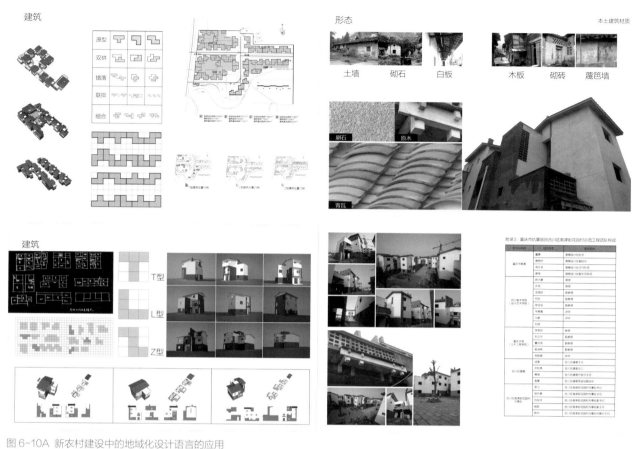

图 6-10A 新农村建设中的地域化设计语言的应用

穿越街屋

设计效果示意图

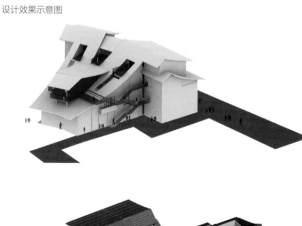

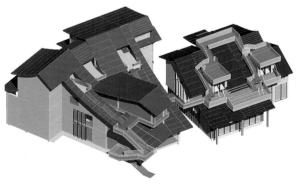

图 6-10B 城市更新中地域化语言的应用

建筑项目实景

三、时代精神的表达

时代精神的表达指的是把建筑的时代精神作为建筑设计的追求目标，通过借助新材料、新技术、新手法、新观念、新风格，有意识地表达环境的时代特征。环境设计中的时代精神是倡导人性、个性的解放，用开放的环境设计理念来反映城市的宽容性、功能叠合性、结构的开敞与灵活性，达到和谐的目标。（图6-11）

人们无法脱离时代的潮流。建筑风格随着时代的发展而发生演变并各具特色。建筑活动在时代发展中不断得到继承和革新。时代精神内涵的显著特征是多元化、多纬度价值观的并存。中国建筑时代的精神内涵是把多元文化兼收并蓄，作为环境设计的价值取向，把不同的风格流派、手法样式作为创作的手段，简洁的、高科技的、后现代的、生态的都反映了不同的侧重方向，与环境设计时代精神的多面性一起奏响未来发展的乐章。（图6-12、图6-13）

时代精神的外在表现代表我们在未来设计中主动迎合时代并引导时代的态度，以及对人的各类行为的研究和需求的挖掘。随着环境理论向多元化、模糊性、象征性的方向发展，时代性的设计更注重人的心理感受和对心理的影响。（图6-14）

四、传统文化的复兴

1.中国传统园林的文化底蕴

中国古典园林绝非简单地利用或模仿自然景观，而是有意识地对构景要素进行改造、调整、加工、剪裁，从而表现一个精练概括、典型化的自然环境。这是中国古典园林最主要的特点——源于自然又高于自然。"一拳则泰华千寻，一勺则江湖万顷"，用高度提炼的手法对自然景观进行重现，创造出峰、峦、岭、岫、洞、谷、悬崖、峭壁等叠石形象，并以理水的方式模仿自然界的湖泊、池沼、河流、溪涧、渊潭、泉水、瀑布等。

图 6-11 芝加哥建筑双年展的建筑时代意义探索

图 6-12 法国巴黎新区的办公建筑群体现出的时代感

图 6-13 库哈斯的商业空间室内设计——时代的各种文化元素成为设计的素材和灵感来源

图 6-14A 芝加哥城市地标千禧之门

追求意境美是我国艺术创作鉴赏领域的一个极为重要的美学范畴。简单地说，意即主观的理念、感情，境即客观的生活、景物，意境是两者的结合，即创作者把自己的感情、理念熔铸于客观生活、景物之中，从而引发鉴赏者类似的情感和理念联想。

中国文学经典造就的精神宝藏以及中国诗画表意的文化传统和西方的机械化、因子化的思维方式有着极大不同，中国的文化传统重整体观照、重直觉感知、重综合推演，它启蒙和孕育了中国传统园林的自然美、建筑美、诗画美和意境美。（图 6-15A、图 6-15B）

图 6-14B 从慢行系统的发展中看到时代发展的需求

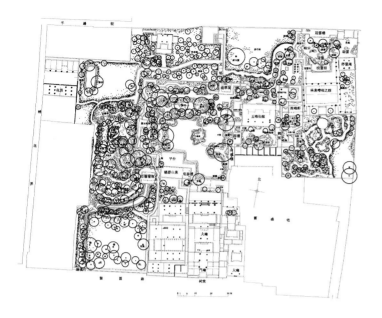

2.中国民间工艺的卓越智慧

我国是一个有着五千年历史的文明古国，民间工艺美术就像开满山坡的无数花朵，多姿多彩，像漫天的繁星，散落各地，无不凝聚着古人的智慧，而这些智慧则来自广大勤劳的百姓，是真正属于劳动人民的艺术，朴实而精美。它是中国历史文化的瑰宝，是一笔宝贵的财富。它来源于生活，是在无数次辛勤劳作中打磨而成的，时刻在体现着一个"情"字，这个"情"内涵深厚而朴实，体现了人们对于理想的渴望、憧憬。

民间工艺以丰富的人文土壤、各具特色的手工技术为环境设计的空间形态、意境提供原料，无论是室外景观还是室内环境，民间工艺都是一股不容忽略的设计力量，值得我们珍惜、保护、利用和发扬。（图6-16）

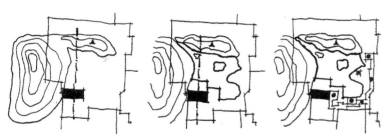

图6-15A 对中国传统园林的设计解读1

清代王翚《沧浪亭图》中体现了"借峰安亭，借高俯远，借亭俯碧（水）"的思想

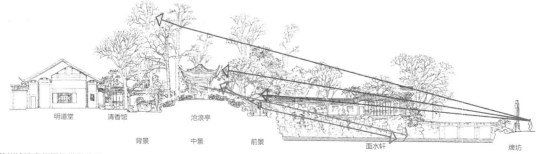

苏州沧浪亭组景的借景分析

图6-15B 对中国传统园林的设计解读2

图 6-16A 民间的纸灯笼对空间起到
了画龙点睛的作用

图 6-16B 手工工艺的创新增添了室内空间的艺术品位与氛围

3.中国乡土营建的匠人技巧

"乡土建筑"一词已被用于没有建筑师的建筑，即传统的简陋构筑物到传统的居住建筑和商住楼等方面。

"传统的"和"乡土的"常常被混用，这是因为我们常常可以在"传统"的某些性质中找到"乡土"的影子。"传统"被定义为人们经过一代又一代延续的某种思维和行为模式。因此"传统"一词与"文化遗产"一样，都表现为历史性的一种明确关联，它也是随时间的推移而变化的。

"当代乡土"则是以一种"今天"的时间维度来审视"过去"的影响。从广义上说，所有传统都是在不断摈弃、修正新的内容。

工业革命以后，以技术为基础的西方文明影响了整个世界，它的价值观是理性的、扩张的、排他的和傲慢的，这种价值观与不同地区和不同价值体系相碰撞后往往会产生灾难性的结果。并且，在许多亚洲国家，持续高速增长的经济和前所未有的社会与价值观的改变所带来的巨大影响，应当对包罗万象的当代世界文化以及传统与现代化的关系有更深刻的理解。当代乡土的概念可以定义为：一种自觉的追求，用以表现某一传统对场所和气候条件所做出的独特解答，并将这些合乎习俗和象征性的特征外化为创造性的新形式，这些新形式能反映当今世界的价值观、文化和生活方式。在此过程中，建筑师需要判定以往哪些原则在今天仍然是适合有效的。

近年来，在亚洲出现了一种明显的创作趋势，即寻求地方传统的延续性。从事这方面创作的建筑师并没有被淹没在过去之中，相反尽管他们的作品表面上保留了许多过去的建筑语汇，却是以一种创新的面貌呈现，赋予建筑新的意义。这种以调和的方式运用乡土语汇使传统得以延展的创作方法是非常适宜的，它并非是僵硬地看待过去。（图 6-17）

图 6-17 王澍的建筑设计中浓郁的乡土营建技巧

第二节　实践层面

一、细分化与专业化

在国家产业结构由传统的密集型向创新型转型升级的大背景下，环境设计行业的细分已经成为一个不可避免的社会性趋势，尤其在国内的一线城市，环境设计行业细分已初见成效。行业细分化是指设计师或设计团队在室内设计或景观设计的某一概念空间或设计方向的设计业务形成专一化和专业化操作，从而"让更专业的人做更专业的 事"。

1.细分化

我们正处于一个对个体充分尊重的多元化时代，鼓励个性的差异化、项目类型的差异化。因此，委托方不同的设计要求、设计理念、方法途径促使环境设计专业越来越细分化。比如，在设计专长领域，细分化主要表现在专门定位于某一类人群，走向定制化；在材料的开发领域，由于产品的定制化使材料与工艺也有了发展和创新。

同时，设计分工也走向细分化。在调研阶段，各种信息采集、统计与分析，有了更加专业的分工；在表达表现阶段，对数字化分析与信息的可视化表达要求越来越高。（图 6-18 ）

2.专业化

随着人居环境和科学技术的发展，环境设计领域对设计师的专业素养提出了更高的要求，要掌握更多新兴的专业知识和技能，且很多简单的设计工作逐渐被新的技术手段和机器设备取代，设计师只有全面提高自己的专业素养、业务能力，才能成为设计行业中的佼佼者。

随着市场不断细分化，室内设计行业逐渐细分为专业酒店类空间设计、专业商业展卖类空间设计、专业办公类空间设计、专业会议会展类空间设计、专业别墅类空间设计等领域。（图 6-19 ）

二、产业化与技术化

1.产业化

室内设计行业中对品质化的要求越来越高，市场逐步向精耕细作下的部品化、模块化、设计软件与平台大众化、定制化的方向发展。建筑与景观设计中的装配式设计、生态修复技术实现了产业化。

2.新技术、新材料不断涌现

20 世纪，金属构架、玻璃幕墙等成为新建筑的重要材料，这比过去的木结构、砖石结构及钢筋混凝土结构等前进了一大步，使建筑的艺术形式发生了演变。人们对新技术、新材料认识不断加深的过程中，艺术形式也发生了改变，艺术混凝土、耐候钢、轻型铝材等工业与艺术的结合，丰富和拓展了新的设计形式语言。

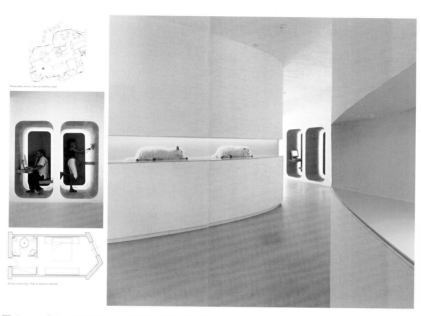

图 6-18 欧洲小酒店设计反映出当代设计不仅包含建筑也涉及环境行为学、消费心理学等环境设计研究领域

三、数字与智能化

现今，数字与智化设计发展迅猛。在全球化发展背景下，设计如何将已有的理论和实践融入社会生活的各个领域，并作为知识经济的引擎，驱动人类物质、经济文化生活的可持续发展，已成为当下设计学科的主要研究课题。设计也因此从艺术和技术层面战略层面迈进。品牌战略设计、体验设计、交互设计、服务设计等研究方向的出现，使设计的理论和实践体系开始重构。而这些新兴研究领域有一个共性，就是带有越来越多的"非物质"设计倾向。

随着信息技术的快速发展，互联网、大数据、云计算和人工智能等迅速崛起，高度互联的赛博系统（Cyber System，即智能信息网络系统）正逐步从普通的人造世界中抽离出来，成为智慧生命体的衍生。于是，自然（第一系统）、人（第二系统）、人造系统（第三系统）与赛博系统（第四系统）之间的相互作用，影响了人类生产、生活的方方面面，同样也开启了新的设计方向。它们之间的互动，成为环境设计新的考察背景。（图6-20）

图 6-19 水景的专业设计

1.数字化

设计中更多运用数字技术进行辅助设计，如 GIS、Ecotect、Climate Consultan、参数化设计等软件发展日新月异。大数据分析与室内设计物理环境、节能设计、城市设计、景观设计等紧密结合。设计更加科学化，更加趋向生态、人性、动态发展的设计方向。

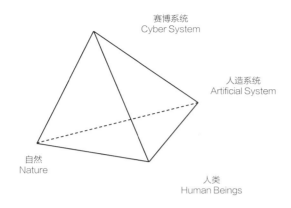

图 6-20　自然、人类、人造物与赛博系统之间的交互　娄永琪

图 6-21 建筑设计借助技术手段更加高效真实（计算机虚拟现实技术）

图 6-22　GIS 地理信息系统

2.智能化

智能家居、交互式设计等更加注重用户的参与性和互动性，强调设计与人的关联关系，设计师需要更多地依靠科技进步来解决设计问题。（图 6-21、图 6-22）

例如，城市更新中应用 Lightroom 软件对所拍摄的大量图片进行标签化处理，以人的视角为基础，从类型上了解以往不可测量的城市实质空间失序或者破败的情况，自动识别出路上积水的街道以及能够看到水体的街道等。随后，龙瀛教授研究团队借鉴了空间失序理论，将城市物质空间失序归纳为 5 个主要构面，分别是建筑、沿街商业、环境绿化、道路和基础设施。每个构面又包含若干个要素，这些要素可以直接从街景图片或现场调查中识别出来。人工智能是以大量的前期人工为基础的，为了在全国范围内展开应用，该研究团队把北京的三十万张街景图片看了一遍。有别于传统的自上而下地利用遥感技术，该研究团队秉持以人的视角为基础，从类型上了解以往不可测度的城市实质空间失序或者破败的情况，开启了一个全局认识城市空间的途径、一种阅读城市空间的科学方式。（图 6-23、图 6-24）

另外，各种新型人工智能产品、材料不断更新，各种新产品的发布、宣传和交流展示成为设计师必须了解的行业内的前沿信息。（图 6-25）

图 6-23　街景图片

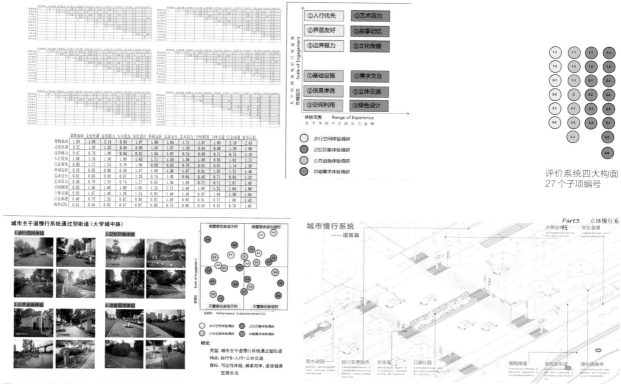

图 6-24 统计学参与的城市街道更新设计

四、公众参与及多方利益团体协作化

公众参与：在社区更新、艺术园区、工业园区等设计实践项目中，更加注重在全过程中运用公众参与的方式，使设计更加人性化，与大众需求更加契合。

协作化：虽然当前人居环境建设是由城市规划为引导、建筑行业牵头的形式上发展起来的，但环境设计在实践中越来越表现出解决各方矛盾关系的运作协调的综合优势。

设计案例的成熟与否越来越依赖于市场、客户、使用者几个方面的因素，这就需要依靠市场运作的相关知识和实践进行市场调查、市场分析、设计的组织管理及前期策划、中期创意、后期评价等完整的商业化运作，从而引导我们做出正确、理性、冷静的决策，使设计专业越来越具备商业化的属性。设计行业频繁地和商业机构交流，探讨设计对未来环境带来的影响。特别是对于商业空间、复合空间等综合性的项目，更

图 6-25 2015 美国芝加哥 ASLA 景观设计暨产品博览会

需要设计师具备商业头脑和智慧。设计学科不是阳春
白雪的孤芳自赏，而是和社会、生活、生产、经济紧
密联系的应用型学科。它作为国民经济的重要组成部
分，不仅可以改善城市居民生活品质和改善城市面貌，
还为城市发展提供更多机遇。

　　社会发展的开放性特征使环境设计实践介入了多
个利益团体，使这一领域热闹而纷杂：政府向往着城
市有更大的发展，开发商追求着最大的资本剩余价值，
施工方要权衡技术支出与成本，群众则期待着最大限
度地保证环境质量。设计师周旋于各利益团体之间，
进行不同价值的取舍。不同机构对于城市开发通常有
不同的理解。调控的重点是公共和私人机构的平衡，
这引发出个人和群体、设计师和机构的博弈，继而引
发出对环境设计的目标问题：为谁的利益服务？是私
人利益的最大化，还是公共整体利益的最大化？事实
上，各利益团体应该是互补的而不是敌对的。从设计
内部运行规律来看，它的发展趋势多为利益团体共同
合作。从外部的市场需求来看，这也是信息社会不可
回避的主流问题。（图 6-26）

　　同职能部门和机构的价值取向与运转模式不同，
说明了环境设计的多面性、多维性。在未来，它更需
要综合权衡各方要求，以期更好地配合、协作，而不
能仅依靠设计师单方面的努力。

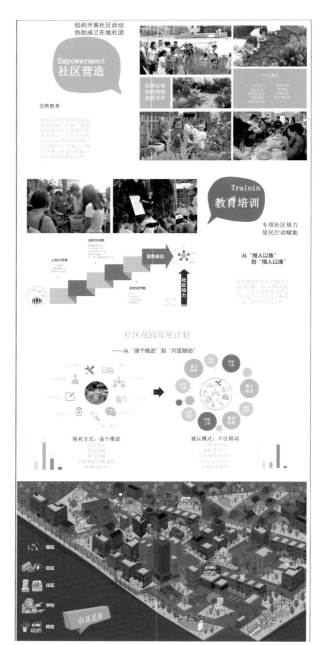

图 6-26 建立在大众参与上的城市社区花园营造设计

第三节 教育层面

一、专业细分与跨界并存

随着社会生产力和人们生活水平的提高与商业运作的介入，以及市场的不断细化，导致环境设计的每一个专业指向都更为细腻，人才定位也更加明确。

环境设计是综合性很强的学科，从目前的发展看来，入行门槛很低，更容易被大众接受。但是，入行并不代表具备了专门性。设计师只有不断进行自我提升，才能在行业中的站稳脚跟。（图6-27）

环境设计领域的分类细化是显而易见的。而室内设计中有专门做酒店、办公或家居的专业设计公司，甚至将室内住宅空间设计细化到专门从事室内的装饰陈设设计；而酒店设计公司更将设计做成集前期市场调研、中期案头工作、后期用户回馈一系列的专业服务。此外，与经济发展密切相关的门类也列入独立的

研究体系，如随着会展经济的发展而新兴的展示设计等。（图6-28）

环境设计的分工还渗透到各个行业之中。例如，在景观设计中，屋顶绿化就是与园艺造景相关的土壤培植技术结合，形成专门性很强的屋顶绿化设计事务所。设计团队要想在激烈的市场竞争的中赢得一席之地，必须具备在某个领域中突出的专门性特征，以赢得客户的信任。事实证明，越是注重专门性的设计团队或个人，越能脱颖而出。

面对环境设计行业逐步细分化，高校环境设计教育必须对市场和行业变化快速做出反应。当前，国内各大高校环境设计专业的人才培养模式同质化现象严重，不能较好地对接日趋精细分工的市场需求和行业发展，专业型、精英型、应用型复合人才人仍然有很大的市场缺口。

传统的环境设计教学过于强调课程学习的"结果"对课程教学的导向作用，作为课程考核作业的图纸表现水平的高低往往成为课程的考核评价依据，具体表

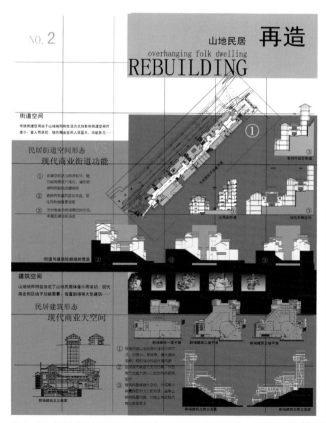
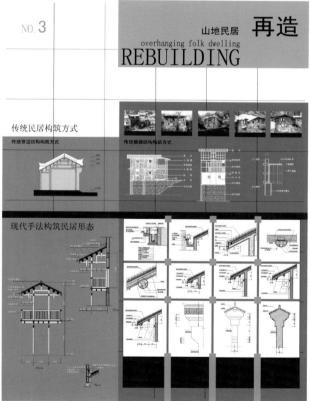

图6-27 将城市建设的重大项目作为课题进行产、学、研平台——洪崖洞旧城更新课题研究 黄红春

图6-28 2010上海世博会 阿尔萨斯案例馆利用植物表皮的生态功能营建出"水幕太阳能墙"

图6-29 设计中对构造技术的跨界探索（黄耘团队）

现为教学内容趋于模式化以及教学过程简单重复，导致学生对专业学习提不起兴趣。这种以注重"结果"为导向的设计教育过于强调学生设计表现和制图能力的培养，而忽视了学生最核心的设计思维的养成，导致学生普遍缺乏发现问题和分析问题的能力、研究能力、创造能力以及自我完善发展能力，这在一定程度上违背了设计人才培养的初衷。

为了顺应时代和专业发展，设计教育作为行业领域的带头学科，必须具备前瞻性的眼光，做出预见性的准备。因此，现在各大高校的环境设计专业都在一步步地分析并细化专业发展的方向。大部分院校都侧重于室内、室外两个专业方向，有的也把展示设计单列为一个专业方向。目的只有一个，就是从更为宏观、系统的角度强调专门性。

同时，随着科技的进步与发展，处于信息时代、互联网时代的设计教育、专业乃至学科上的跨界也粉墨登场。对于人性的重视，每一个功能、空间都涉及诸多专业的细分领域。对于问题的发现、分析乃至解决都需要学科的支持才能完成（图6-29）。比如，医院的设计就是一个最好的例子，它不是单纯地设计一个标志或者空间，而是一个更加立体综合的专业化集群空间。因此，跨界合作也是教育领域中首先要去探索的超前的问题。

二、理论研究与实践并重

环境设计的特点之一是它的实践性和创新性，必须通过实践才能将自己的思维"物化"为实际的事物，只有与实践结合才能发现和修正教学内容。因此，21世纪的设计教育越来越强调理论与实践的紧密结合。

设计结合实践可以从以下几个方面来加强：

首先，教学中动手能力的培养，这是实践的第一个门槛。

其次，教学中通过工作室制度，把老师或从业设计师的设计事务引入教学中，使学生能够效仿或跟踪设计任务，从而得到真实的设计感受。

再次，开设针对性很强的专业实践课，或是直接参与实际课题，培养学生独立思考、自主获得知识的能力，培养学生的创造能力、竞争意识和团队协作能力，培养学生的社会实践能力和适应能力，并且有自己的特色和定位，只有这样也才能在竞争激烈的行业竞争中找到合适的位置。

最后，培养在社会事务中的实际操作能力，这是在社会实践中完成的，由教育方联系地方合作机构展开，也有学生作为独立的个体直接参与到设计机构中，从而得到最实际的从业感受。

无论怎样的形式，实践是理论的后续，是学生成长必须经历的过程，也是社会赋予学校最现实的使命。所以，很多高校开始意识到实践的重要性，意识到只有在实践中才能解决诸多设计的认识问题。因此，

工作室制度、导师制度、课题制度纷纷被引入设计教学中。

我们可以从中央美院设计学科教学改革示意图看出，环境设计作为设计学下属的二级学科，边界越来越模糊，重在灵活结合实践服务社会，解决问题。（图6-30）

一是要尊重人的成长规律，在教育目标的基础上开发学生的内在潜力，激发学习动力，使学生实现自身价值。二是以学生需求为导向进行外部环境的创造设计，为学生的发展和学习提供一个优越的环境，包括人文环境、健康的心理环境等，从而促进学生全面发展。

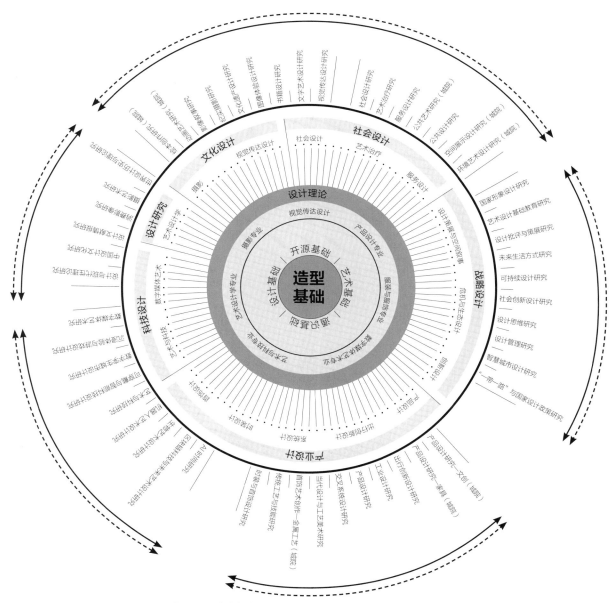

图 6-30 中央美术学院设计学科教学改革学科结构示意图

三、校际与校企交流并行

　　21世纪国际对话与合作成为设计行业发展的一个方向。

　　设计学科在我国真正得到发展是在改革开放以后，许多领域还处于探索和学习借鉴的阶段。随着设计行业与经济社会联系的日趋紧密，国内的设计机构和从业人员开始增多，由此催生了交流合作的平台。

　　同时，我国教育领域的开放和强大的生源，也吸引着国外的设计院校频繁前往交流。不同观念的碰撞促进了办学经验提升以及设计思维的活跃。我国良好的开放心态、求知的迫切愿望使这种教学交流渗透到各个层面：讲座、相互邀请专家、学者进行访问；课题互换，由不同教师指导学生共同完成课题项目，达到活跃教学思维的目的；引进课程，由相关专家带专题进入讲台或当地办学机构，学习并延续其思想和拓展课题等。

　　交流的方式多种多样，但目的只有一个：设计不能是一潭死水，应该大胆地走出去引进来，环境设计教育必将走向更为开放、活跃的未来。（图6-31）

　　通过与全国各大建筑类专业院校的校际合作，增强自身的办学自信，寻找自身的办学特色；通过国际界限的联合教学机制，关注国家战略、提升国际影响、形成国际合作范本；通过校企联动教学新平台，以社会需求贯穿始终，促进精准就业，推动成果转化，实施产学研一体化教改实践。

图6-31 2016中澳跨学科国际学术研究与交流设计工作坊（四川美术学院环境设计系与悉尼新南威尔士大学合办）

四、多学科参与能力培养

　　每一次设计活动都是在一个特定的环境里运用相对稳定和具有普适特点的设计思维和方法去解决一个具体问题。基于设计的共性问题，我们的设计教育要结合多学科来唤起未来设计师的综合能力，即结合广度的优势，再纵深于专业深度。从某种角度来说，设计无学科已成为设计教育领域的一个共识。哈佛大学、麻省理工学院都在进行学科交叉的教育实验，设计教育需要问题意识的培养，人文关怀的培养、需要做田野调研和实际的用户研究，这是设计教育面临的新情况。

　　设计问题的明确和清晰就会带动设计教育的明确和清晰。两个问题必须回答：一是做什么，二是怎么做。第一个问题涉及设计伦理与哲学层面的思考，需要有卓越的价值判断能力、决策能力和批判思维；第二个问题涉及技术与手段的思考，需要有强大的动手能力、转化能力和落地能力。

　　所以，未来的设计教育，将不再是填鸭式的灌输，也不再是示范，更不是直接翻译，而是培育、引导。设计命题，让命题环节更加具有启发性，引发学生个体的思考。因此，教学设计本身是更有意义的一件事情。从职业培养到学科前沿，从本科、硕士到博士的不同阶段的培养。本科解决临床问题，研究生解决事件反思，博士集中于更加抽象的研究，从而推动设计学科的广泛发展。

　　这时候，整合的能力变得更加重要，而整合背后是一个管理问题。这犹如一个交响乐团的指挥，指挥

图 6-32 多学科参与的环境设计方法体系

未必需要精通所有乐器，但对于整体作品的演绎和音响效果的把控有着非常重要的作用。对设计而言，跨学科设计需要具备跨情景应用知识的能力。整合的重点是调节各要素之间的联系，其中包括物质要素与人的行为之间的关系，甚至是这些元素同整个生态系统和社会文化生活的关系。而在处理这些关系的时候，必然会涉及社会、文化等因素。要胜任这个角色，环境设计师就必须具备沟通能力、领导能力、协作能力、跨情景应用知识能力、讲故事的能力等。（图6-32）

本章小结：

1.主要概念与观念

本章主要讨论了环境设计未来的发展。从思想、实践、教育三个层面进行阐述，这些问题也是现今人们关注的热点和备受争论的话题。通过这三个方面的学习思考，我们不仅对整个专业学习有一个整体的认识，还对整个课程做一个总结，同时对业界的发展做出展望。

2.基本思考

（1）21世纪的环境设计在思想层面上的主要观点有哪些?

（2）21世纪的环境设计在实践层面上的主要特点有哪些?

（3）21世纪的环境设计在教育层面上的主要趋势有哪些?

3.综合训练

浏览相关设计网站，通过相关国际赛事了解设计前沿的动态。

4.知识拓展

（1）概念延展：专业的跨界与融合、各专业流程的新工具探索。

（2）实践延展：相关行业上下游产业链的研究、专业应用领域的拓展。

参考文献

1.娄永琪.全球知识网络时代的新环境设计[J].南京艺术学院学报，2017（1）：3-9.

2.胡飞，钟海静.环境设计的方法及其多维分析[J].包装工程，2020（4）：20-33.

3.侯幼彬.中国建筑美学.哈尔滨：黑龙江科学技术出版社.1997.

4.庄岳，王蔚.环境艺术简史.北京：中国建筑工业出版社.2006.

5.李宏.中外建筑史.北京：中国建筑工业出版社.1997.

6.张京祥.西方城市规划思想史纲.南京：东南大学出版社.2005.

7.王向荣，林箐.西方现代景观设计的理论与实践.北京：中国建筑工业出版社.2002.

8.彭一刚.建筑空间组合论.北京：中国建筑工业出版社，1998.

9.张绮曼，郑曙旸.室内设计经典集.北京：中国建筑工业出版社，1994.

10.弗雷德里克·斯坦纳.生命的景观：景观规划的生态学途径.北京：中国建筑工业出版社，2004.

11.弗朗西斯·D.K.钦.建筑：形式、空间和秩序.邹德侬，方千里，译.北京：中国建筑工业出版社，1987.

12.程大锦.室内设计图解.乐民成，译.北京：中国建筑工业出版社，1992.

13.王一涵，刘松茯.哈迪德近期作品的空间分形现象[J].新建筑，2017（02）：88-92.

14.韦爽真，王娴.形态与空间造型.重庆：重庆大学出版社，2015.

15.金伯利·伊拉姆.设计几何学：关于比例与构成的研究.李乐山，译.北京：中国水利出版社，知识产权出版社，2003.

16.盖尔·克里特·汉娜.设计元素：罗伊娜·里德·科斯塔罗与视觉构成关系.李乐山，韩琦，陈仲华，译，北京：知识产权出版社，2003.

17.田学哲，郭逊.建筑初步.北京：中国建筑工业出版社，2010.

18.黄源.建筑设计初步与教学实例.北京：中国建筑工业出版社，2007.

19.詹和平，徐炯.以实验的名义：参数化环境设计研究.南京：东南大学出版社，2014.

20.刘滨谊.现代景观规划设计（第2版）.南京：东南大学出版社，2005.

21.约翰·O.西蒙兹.景观设计学：场地规划与设计手册.俞孔坚，王志芳，孙鹏，译.北京：中国建筑工业出版社，2000.

22.郑曙旸.室内设计程序.北京：中国建筑工业出版社，1999.

23.MatthewCarmona，TimHeath，TanerOc，StevenTiesdell.城市设计的纬度：城市场所——城市空间.冯江，等译.南京：江苏科技出版社，2005.

24.尼古拉斯·T.丹尼斯，凯尔·D.布朗.景观设计师便携手册.刘玉杰，吉庆萍，俞孔坚，译.北京：中国建筑工业出版社，2002.

25.教育部人事司.高等教育心理学.北京：高等教育出版社，1999.

26.俞孔坚，李迪华.景观设计：专业学科与教育.北京：中国建筑工业出版社，2003.

27.苏丹.环艺教与学.北京：中国水利水电出版社，2006.

28.郝曙光.当代中国建筑思潮研究.北京：中国建筑工业出版社，2006.

29.邹德侬，赵建波，刘从红.理论万象的前瞻性整合——建筑理论框架的建构和中国特色的思想平台.建筑学报，2002（12）:4.

30.吴良镛.基本理念·地域文化·时代模式——对中国建筑发展道路的探索.建筑学报，2002（2）:6-8.

31.林少伟，单军.当代乡土——一种多元化世界的建筑观.世界建筑，1998（01）:64-66.

32.王波，朱琳，周航.基于行业细分化市场需求的环境设计专业课程体系建设研究.教育现代化，2020（25）：46-49+84.

33.任友群，鲍贤清，王美，张海燕.规范与交叉：教育技术发展趋势分析—美国AERA2009年会述评.远程教育杂志，2009（05）：3-14.

34.胡飞，钟海静.环境设计的方法及其多维分析[J].包装工程，2020（04）：20-33.